轻松学羊病防制

羊病防制入门，
看这本就够了！

闫益波 主编

中国农业科学技术出版社

图书在版编目（CIP）数据

轻松学羊病防制 / 闫益波主编 . —北京：中国农业科学技术出版社，2015.3
ISBN 978-7-5116-1489-6

Ⅰ . ①轻…　Ⅱ . ①闫…　Ⅲ . ①羊病－防治
Ⅳ . ① S858.26

中国版本图书馆 CIP 数据核字（2014）第 308828 号

责任编辑　张国锋
责任校对　贾晓红

出 版 者　中国农业科学技术出版社
　　　　　北京市中关村南大街 12 号　邮编：100081
电　　话　（010）82106636（编辑室）（010）82109702（发行部）
　　　　　（010）82109709（读者服务部）
传　　真　（010）82106631
网　　址　http://www.castp.cn
经 销 者　各地新华书店
印 刷 者　北京富泰印刷有限责任公司
开　　本　880mm × 1 230mm　1 /32
印　　张　7.5
字　　数　220 千字
版　　次　2015 年 3 月第 1 版　2015 年 3 月第 1 次印刷
定　　价　25.00 元

编写人员名单

主　编　闫益波

副主编　任　杰　项黎丽

编写人员（按姓氏笔画排序）

甘雪廷　任　杰　刘田勇　刘华栋

闫益波　李　童　李世常　李连任

吴现时　张玉换　张华奇　张翔兵

武传芝　项黎丽　曹宁贤　程　超

魏玉荣

前言

养羊业是畜牧业的重要组成部分，是投资少、见效快、适宜面广的产业。多年来，我国的肉羊存栏量、出栏量和羊肉产量稳居世界第一，是名副其实的世界养羊大国。统计显示，2013年我国羊肉产量408万吨，约占世界总产量的30%。尽管绝对产量巨大，但始终没有完全满足快速增长的中国羊肉市场需求，同时，与新西兰和欧洲的一些发达国家相比，在人均羊肉消费量上，仍有极大增长空间。另外，从近十年来的畜产品市场来看，猪、鸡等行情均不稳定，价格经常大起大落，如果对行情把握不准，常常会出现倾家荡产的严重局面。但肉羊销路一直看好，价格稳定、市场平稳。因此，养羊是广大农民投资小、效益稳的养殖好项目。

在当前市场需求和政府政策的拉动下，社会资本投向了羊产业，许多新建、改建和扩建的规模化羊场逐渐增多，产业集中度逐年上升，各种养羊合作社和养羊大户不断涌现。然而，随着养羊业的快速发展，各种羊病时有发生，严重影响了养羊的经济效益。为了帮助广大养殖户掌握最基本的羊病防控基本知识，推动羊产业的健康发展，我们组织编写了《轻松学羊病防制》这本书。本书以羊病防制最基础的兽医知识为中心，从羊的生物学基础、羊病诊断技术、基本防治方法、主要传染病和普通病防治等方面的知识与技术进行了系统介绍。本书语言简洁、内容丰富、通俗易懂，实用性强，适于广大养羊专业场（户）的技术人员和初学养羊的朋友参考使用。

在本书编写过程中，参考了部分已公开发行的文献资料，听取了多位专家的意见，在此表示衷心的感谢。由于编者知识水平有限、时间仓促，书中疏漏在所难免，望各位专家和读者批评指正。

编者

2014年10月

目 录

第一章　羊的生物学基础

第一节　羊的生物学特性与解剖结构

一、羊的生物学特性

（一）羊爱清洁，胆小怕惊

羊嗅觉敏感，喜爱清洁，对被粪尿污染的饲草和水拒绝采食和饮用。所以羊饲槽和水槽要勤打扫。羊较胆小，受惊动时容易骚动，引起乱跑乱闯，使羊受伤，所以管理时要注意，进入羊群时先吆喝打招呼。

（二）胃肠发达，采食量大

肉羊为反刍家畜，胃的容积很大，瘤胃、网胃中有大量微生物，并具有发达的乳头突起，可以对种类较多的饲草料进行机械和发酵消化。羊嘴尖齿利，唇薄而灵活，下腭门齿向外有一定的倾斜度，故对采食地面低草、小草、花蕾和灌木枝叶很有利，对草籽的咀嚼也很充分，素有“清道夫”之称。在天然草场上，牛马不能采食的杂草和短草均可被放牧羊群采食。此外，羊群还能利用庄稼茬地，拣食遗留的谷穗及田埂上的杂草。

（三）合群性强

羊的群居行为很强，很容易建立起群体结构。不论是舍饲或放牧，都喜欢群居，无论是睡眠或躺卧休息，都喜欢头尾相依靠在一起，因此可以组织大群放牧。在放牧中离群的羊，一经牧工呼唤，能迅速奔跑回群，当羊群通过桥梁和窄道时，只要“头羊”先过，整个羊群就会跟进，因此羊群虽大，但易于驱赶和管理。

（四）喜欢干燥，厌恶潮湿

肉羊喜欢在干燥凉爽的山区生活，若运动场或羊舍潮湿，宁肯站立也不肯躺卧休息。所以，养羊的牧场、圈舍和休息场，都以高燥为宜。如久居泥泞潮湿之地，则羊只易患寄生虫病和腐蹄病，甚至毛质降低，脱毛加重。

（五）适应性与抗病力强

肉羊可以适应干旱、荒漠、山区等各种生态环境，能在其他家畜不能利用的土地上生存，表现出很强的耐粗饲、耐渴、耐寒和耐热性能，环境适应能力非常强。羊对各种疾病的抵抗力也较强，放牧条件下的各种羊，只要能吃饱饮足，一般全年发病较少，在夏秋膘肥时期，更是体壮少病。膘好时，对疾病的耐受能力较强，一般不表现症状，有的临死还勉强吃草跟群。所以羊病要做到早治，必须深入观察，才能及时发现。

二、羊的主要解剖结构

（一）羊的消化系统

羊的消化器官主要由口腔、食道、胃、肠道等部分组成。与非反刍家畜相比，羊的消化器官具有以下构造特点。

1. 唇和切齿

羊嘴尖，唇薄齿利，上唇中央有一纵沟，运动灵活，有利于采食牧草。下颚有 4 对切齿，并向外有一定的倾斜度，便于啃食很短的牧草；上颚无门齿，但对应下腭门齿有一齿垫，可以帮助下门齿切断牧草。

2. 胃

羊胃属于多胃式的复式胃，其容积约为 30 升，占整个消化道容积的 67%。根据形态和构造的不同，胃可分为瘤胃、网胃、瓣胃和皱胃 4

个胃室，其中瘤胃、网胃和瓣胃称为前胃，不具备腺体组织，不分泌消化液，但其胃室中的微生物对改变和消化饲料营养物质方面起到巨大作用；皱胃又称真胃，胃壁有腺体，可分泌各种消化酶和盐酸，具有单胃动物胃的功能。

（1）瘤胃　它以贲门接食管，呈前后稍长，左右略扁的椭圆形大囊，是复胃中容积最大的一个室，占全胃容积的 79%，具有贮藏、浸泡和软化粗饲料的作用。通常，羊摄入的饲料首先贮存在瘤胃中，经浸泡软化后，经过逆呕返回到口腔即反刍，经咀嚼后再回到瘤胃中消化。研究表明，羊所采食干物质的 40%~80% 在瘤胃中消化，其中包括：80% 的碳水化合物、60%~90% 的粗纤维、18%~77% 的粗蛋白质和 10%~100% 的粗脂肪等。

（2）网胃　它以瘤网胃口前接瘤胃，以网瓣胃口后与瓣胃相通，外形呈梨形、前后稍扁，容积约占全胃容积的 7%，与瘤胃共同参与饲料的发酵作用。网胃肌肉层发达，通过运动可将食糜移送至瓣胃，通过收缩可维持正常的反刍和逆呕；同时，网胃也是挥发性脂肪酸、氨等消化代谢产物的重要吸收部位。

（3）瓣胃　它以瓣皱胃口与后方的皱胃相通，是复胃中容积最小的胃室（仅占全胃容积的 3.5%），呈卵圆形，位于第 8~10 肋骨的下半部。瓣胃内分布有许多页片，对由网胃来的食糜具有进一步研磨、过滤和压榨的作用，并吸收食糜中的水分以使其浓缩。

（4）皱胃　它以幽门连接后方的十二指肠，呈一端粗一端细的弯曲长囊，其容积占全胃的 11.1%。皱胃黏膜依据固有层内的腺体的不同而分为 3 个腺区，即喷门腺区（色淡），胃底腺区（灰红色）和幽门腺区（淡黄色）。皱胃具有较强的吸收功能，主要参与蛋白质、脂肪和碳水化合物的消化作用。

3. 小肠

羊小肠前端起于皱胃幽门，后端止于盲肠，总长度约为 25 米（直径为 2~3 厘米）。小肠可分为十二指肠、空肠和回肠 3 部分，其中空肠最长约为 24 米，十二指肠和回肠均较短，分别约 0.5 米和 0.3 米。小肠黏膜中分布有大量的腺体，可以分泌蛋白酶、脂肪酶和淀粉酶等消化酶类。小肠的功能的是通过肠道绒毛膜上皮细胞吸收营养物质，当胃内容物进入小肠后，在各种酶的作用下进行消化，分解为一些简单的营养物质经绒毛膜吸收；尚未完全消化的食物残渣与大量水分一道，随小肠蠕动而被推进到大肠。

4. 大肠

大肠主要包括盲肠、结肠和直肠，大肠长度为4~13米（平均约7米），无分泌消化液的功能，其作用主要是吸收水分和形成粪便。小肠内未完全消化的食物残渣，可在大肠内微生物及食糜中酶的作用下继续消化和吸收。吸收水分后的残渣形成粪便，排出体外。

（二）羊的呼吸系统

呼吸系统由鼻腔、咽、喉、气管、支气管和肺构成。

1. 鼻腔

鼻腔被鼻中膈分为左右两半，前方有鼻孔和鼻翼，后方有鼻后孔。羊鼻孔与上唇处形成鼻镜。鼻腔侧壁有上、下鼻甲骨，将每侧鼻腔分隔为上、中、下3个鼻道。上鼻道通鼻黏膜的嗅区，中鼻道通副鼻窦，下鼻道最宽大，是鼻孔到咽的主要气流通道。鼻中隔两侧面与鼻甲骨之间形成总鼻道，和上、中、下3个鼻道均相通。鼻腔内表面衬有皮肤和黏膜，分为前庭区、呼吸区和嗅区。前庭区位于鼻孔之内，被覆由面部折转而来的皮肤，着生鼻毛，可滤过空气。呼吸区位于鼻道，黏膜中含丰富的血管和腺体，可净化、湿润和温暖呼吸入的空气，嗅区位于筛骨鼻侧，黏膜形成嗅褶，内有嗅细胞，可感受嗅觉刺激。

在头骨中，有的在两层骨板间形成空腔，称为副鼻窦。副鼻窦经狭窄的裂缝与中鼻道相通。窦黏膜含丰富的血管并与鼻腔呼吸区黏膜相延续。副鼻窦有减轻头骨重量、温暖和湿润空气及对发音起共鸣作用。

2. 咽

咽为漏斗形肌性囊，是消化道和呼吸道共有通道，位于口腔和鼻腔的后方，喉和食管的前方。可分为口咽部，鼻咽部，喉咽部3部分。

3. 喉

喉是呼吸通道，也是发声器官。喉位于下颌间隙后方、头颈交界的腹侧，前方通咽和鼻腔，后接气管。喉由喉软骨、喉肌和喉黏膜构成。

4. 气管和支气管

气管位于颈、胸椎腹侧。前端接喉，后端进入胸腔中，在心基上方分为右尖叶支气管和左、右支气管，分别进入左、右两肺中，并继续分支形成支气管树。

气管呈圆筒状，由一连串“U”形气管软骨环连接而成，其朝上的缺口间连有富含平滑肌的弹性纤维膜。

气管壁自内向外分为黏膜、黏膜下层和外膜 3 层。黏膜包括黏膜上皮和固有膜。黏膜上皮是夹有杯状细胞的假复层柱状纤毛上皮，杯状细胞可分泌黏液以吸附气流中的尘粒和细菌，纤毛可向喉部摆动，将黏液排向喉腔，经咳嗽排出。黏膜下层为疏松结缔组织，内含气管腺、血管和神经。外膜由气管软骨环和环间结缔组织构成。

5. 肺

（1）肺的位置、形态和构造　肺位于胸腔内、纵膈两侧，左、右各一，右肺通常大于左肺，两肺占据胸腔的大部分。健康的肺呈粉红色、海绵状，质地柔软而轻，富有弹性。

左、右两肺都有 3 个面（肋面、纵膈面和膈面）和 3 个缘（背缘、后缘和腹缘）。

羊肺可分七叶，即左尖叶、左心叶、左膈叶、右尖叶（羊右尖叶又分前后两部）、右心叶、右膈叶和副叶。

由于左肺小，左心压迹深，左心切迹宽，便使心脏在纵膈中向左偏移，左面心包较多地外露于肺并与左胸壁接触。兽医临床常将左肺心切迹作为心脏听诊部位，其体表投影近似长方形，约与第 4、第 3 肋到第 6 肋区间对应，上界约在肩关节水平线稍下方。

（2）肺组织结构　肺表面覆盖光滑、湿润的浆膜（肺胸膜），浆膜下的结缔组织伸入肺内，将肺实质分隔成众多肉眼可见的肺小叶。肺小叶是以细支气管为轴心，由更细的逐级支气管和所属肺泡管、肺泡囊、肺泡构成的相对独立的肺结构体，一般呈锥体形，锥底朝肺表面，锥尖朝肺门。

肺实质包括肺内各级支气管和肺泡管、肺泡囊、肺泡。主支气管由肺门入肺以后，在继续延伸的过程中反复分支并由粗渐细，形成肺的支

气管树和各级支气管。当支气管径在1毫米以下时称为细支气管，当细支气管径在0.5毫米以下时称为终末细支气管，当其管径更细小而且壁外连通肺泡管时称为呼吸性细支气管。

各级支气管的管壁结构起初与肺门外支气管的基本相似，但随着支气管逐级变细小，管壁也逐渐变薄，结构也逐渐变简单，主要变化特征是腺体逐渐减少或消失，软骨环逐渐变成软骨碎片且越来越小乃至消失，管壁平滑肌相对增多，黏膜上皮逐渐由假复层柱状纤毛上皮转为单层柱状纤毛上皮乃至单层立方上皮。由于细支气管壁无软骨片支撑，当某些病因引起管壁平滑肌痉挛时，管腔发生闭塞，便发生呼吸困难。

肺泡管直接连通在呼吸性细支气管壁上。肺泡囊是肺泡管侧壁的众多的梅花状大囊，是数个肺泡向内的共同开口和通道。肺泡是单个的在肺泡管、肺泡囊壁上膨出的小泡。肺泡壁菲薄，仅由一层夹杂有立方形分泌细胞的单层扁平上皮细胞构成。肺泡呈多面球体，一面有缺口，与肺泡囊、肺泡管相通，其他各面与相邻肺泡的肺泡壁相贴形成肺泡隔，隔内有丰富的毛细血管网和弹力纤维膜包绕肺泡壁，这样的结构有利于肺泡与血液之间发生气体交换，也使肺泡具有良好的弹性，吸气时能扩张，呼气时能回缩。肺泡隔内还有一种吞噬细胞，称隔细胞。这种细胞可进入肺泡腔内，吞噬肺泡内尘粒和病菌，又称尘细胞。

在肺实质结构中，从肺内支气管到终末细支气管的各级管道，主要作用是保障和控制肺通气，并无气体交换机能，故称为肺的通气部。从呼吸性细支气管开始到肺泡管、肺泡囊、肺泡，其管壁和泡壁与紧贴其外的毛细血管壁组成气体分子可自由透过的气血屏障，亦称呼吸膜，成为肺部气体交换的先决条件。因此，呼吸性细支气管、肺泡管、肺泡囊和肺泡又称为肺的呼吸部，主要作用是实现肺的气体交换机能。

（三）羊的生殖系统

1. 公羊生殖器官

公羊生殖器官主要包括睾丸、附睾、输精管、副性腺、尿生殖道和阴茎等部分。

（1）睾丸和附睾　睾丸能产生精子和雄性激素，其外包有阴囊，具有保护睾丸和调节温度的作用。气温高时阴囊松弛，睾丸下沉，易于散热；气温低时阴囊收缩，睾丸靠近腹壁，以维持睾丸正常的生精机能，保证精子不受外界气温变化影响。

睾丸外层为一层光滑的固有鞘膜（浆膜），其内为致密结缔组织构成的白膜。白膜向睾丸内部伸延，形成许多小隔将睾丸分成许多小叶，每个小叶内有4~5条曲精细管，汇集成许多直精细管，形成睾丸网，睾丸网又分出4~10条睾丸输出管，形成附睾头。

附睾位于睾丸上缘，分头、体、尾3部分，附睾尾与输精管相连，管道粗大，为精子的主要贮存处，其壁肌肉发达，收缩时使精子排出。

由于附睾温度低，附睾管壁分泌弱酸性的分泌物，因此，精子保持不活动状态，减少能量消耗，使精子在附睾内存活较长时间，一般停留两个月以上仍有受精能力。但停留时间过长，则精子逐渐衰老，失去受精能力，最后在附睾中死亡而被吸收。

（2）输精管和精索　输精管为附睾的延续，由附睾尾的末端起始，进入精索，经腹股沟管入腹腔，然后走向后上方，两条输精管在膀胱的上方并列而行，并逐渐变粗而形成输精管壶腹，输精管这一变粗的部分是由于壁内具有丰富的腺体。输精管具有发达的平滑肌纤维，配种时强力收缩将精子排出。两条输精管末端的壶腹部共同开口于尿生殖道起始部的背侧壁上。

精索为一扁平的圆锥形索状物，由附睾到腹股沟管内，精索内含有血管、神经、淋巴管、睾丸提肌和输精管，外面包有固有鞘膜。

（3）阴囊　胚胎时期，睾丸位于腹腔内，在肾脏的附近，随着胚胎的成长，在胎儿出生前后，睾丸和附睾经腹股沟管下降到腹壁的特殊凸陷——阴囊中，阴囊从外向内依次由皮肤、内膜及睾丸外提肌总鞘膜（腺膜壁层）所组成。其中内膜具有收缩性，使阴囊皮肤起皱，减少散热；或内膜松弛，皮肤变得光滑，阴囊下垂，有利于散热；在很热的气候里，超过阴囊调温范围，这一机制受到破坏，从而引起生殖上皮的退行性变化。同理，双侧性隐睾是完全不育的。

（4）尿生殖道，副性腺及阴茎、包皮　尿生殖道是排尿与输送精液的共同管道，从膀胱到龟头，分为尿生殖道骨盆部与尿生殖道阴茎部。

副性腺包括精囊腺、前列腺和尿道球腺，它们的分泌物叫精清，与精子共同构成精液。羊的副性腺体不太发达，所以每次射精量较少。精囊腺位于膀胱颈背侧，同输精管共同开口于尿生殖道，它能分泌黏稠而富含球蛋白的白色胶状液体，其中的果糖可提供精子活动所需的能量。

前列腺位于膀胱与尿道连接处的上方，仅有扩散部，且为尿道肌所包围，故外观上看不到。其分泌物呈碱性，能中和阴道内酸性分泌物，并能吸收精子排出的二氧化碳，有利于精子的生存。

尿道球腺位于尿生殖骨盆部末端背侧，开口于尿生殖道，它能分泌透明黏液，呈碱性，有冲洗、润滑尿生殖道和中和阴道内酸性分泌物的作用。

阴茎是公羊的交配器官，附着于两侧骨结节，经两大腿之间向前延伸至脐的后方，由后向前分为阴茎根、阴茎体、阴茎头 3 部分。羊在阴囊后的阴茎形成“乙”字状弯曲，勃起时可伸直。在阴茎前端有 3~4 厘米扭曲的尿道突。

包皮是皮肤折转而形成的管状鞘，有容纳和保护阴茎头的作用。

2. 母羊的生殖器官

母羊生殖器官包括卵巢、输卵管、子宫、阴道和外生殖器等部分。

（1）卵巢　卵巢是产生卵子与分泌雌激素和孕酮的器官，左右各一个，卵巢背缘由卵巢系膜悬于腰椎下面。羊卵巢呈杏仁状，不发情时表面光滑，发情时有几个突出的卵泡。

卵巢由皮质和髓质构成，皮质在外，髓质在内。皮质内含有不同阶段的卵泡和卵泡的后续产物（红体、黄体及白体）。髓质为疏松结缔组织，内含有丰富的弹性纤维、血管、淋巴管及神经等。

（2）输卵管　输卵管是一对细长而弯曲的管道，有输送卵子的作用，位于卵巢和子宫之间。输卵管可分为漏斗状的伞部、壶腹部和峡部 3 段。管的前半段或 1/3 段较粗，称壶腹部，是卵子和精子受精的地方，其余部分较细，称为峡部。输卵管靠近卵巢的一端，扩大成漏斗状，叫漏斗，漏斗的边缘上有许多皱褶，称为伞（羊的伞不发达），伞的一处与卵巢的上端相连，这保证了伞与卵巢表面能密切接触。同时输卵管黏膜上皮中，有一种纤毛，向子宫摆动，有助于卵子的运行。

（3）子宫　子宫是胎儿生长发育的场所，它分为子宫角、子宫体及子宫颈3部分。子宫角左右各一个，角的前端连接输卵管，两角后端相合而成子宫体。子宫体呈圆筒状，壁很厚，背腹略扁，位于骨盆腔内，前接子宫角，后接子宫颈。子宫颈为子宫与阴道的通道，开口于阴道内。子宫壁由粉红色黏膜、肌层和最外层光滑的浆膜组成。

羊子宫的特征是：子宫角小、子宫体短、子宫颈壁厚而坚实，其后端凸入阴道，形成子宫颈阴道部。子宫颈外口黏膜形成辐射状皱褶，形似菊花，平时紧闭，母羊发情时，子宫颈略微开张，便于精子进入。

（4）阴道　阴道是母羊的交配器官，也是产道。阴道黏膜形成很多纵行皱褶，其色泽和黏液分泌情况随发情周期而发生变化。羊的阴道长8~14厘米。

（5）外生殖器　外生殖器官包括尿生殖前庭、阴唇及阴蒂。其中尿生殖前庭为阴瓣到阴门裂的短管，前高后低，稍为倾斜，长2.5~3厘米。阴唇为构成阴门的两侧壁，两阴唇间开口为阴门裂，阴唇的外面是皮肤，内面是黏膜，二者之间有阴门括约肌及大量结缔组织。阴蒂位于阴唇下角的阴蒂窝内。

第二节　羊的生理学特点

一、羊的消化生理特点

（一）羊消化系统的特点

肉羊是反刍动物，具有4个胃：第一胃称瘤胃，其容积占复胃全容量的78%；第二胃称网胃，内壁分隔为许多网格，其机能与瘤胃相似；第三胃称重瓣胃，内壁有纵列褶膜，对食物起机械压榨作用；第四胃称皱胃，又名真胃，能分泌胃液（胃蛋白酶和盐酸），对食物进行消化。前3胃由于没有腺体组织，总称前胃。

瘤胃内生存有大量有益细菌和纤毛原虫，每克内容物有500亿~1 000亿细菌，每毫升瘤胃液中含有300万左右的纤毛原虫。这些微生物的作用概括为如下3点。

① 分解饲草中的粗纤维。羊依靠细菌的纤维水解酶消化粗纤维达50%~80%。粗纤维被分解变成挥发性脂肪酸为瘤胃壁吸收，送入肝脏，参加中间代谢，成为能量的来源。

② 合成菌体蛋白质。饲料中的蛋白质，经瘤胃细菌的活动分解为肽、氨基酸和氨，瘤胃微生物利用这些分解后的产物合成细菌蛋白质。由于共生微生物的作用，还能将非蛋白氮转变为细菌蛋白质。据测定，从瘤胃转移到真胃的蛋白质约有82%属于菌体蛋白。经过转化合成的菌体蛋白含有各种必需氨基酸，相对比例合适，符合羊体生理需要，所以菌体蛋白的生物学价值很高。

③ 依靠微生物的作用可以合成维生素 B_1、维生素 B_2、维生素 B_{12} 和维生素K。

初生羔羊前3胃尚不发达，没有形成胃肠道的微生物区系，也不能合成维生素，不能采食和利用草料，其生长所需的营养物质只能靠母乳供给，母乳直接进入真胃被消化吸收。因此，对羔羊的饲养应强调补饲质量高的蛋白质饲料。

羊的消化道特点，除具有复胃外，还有小肠特长，30米左右。小肠是羊消化吸收的主要器官，细长而弯弯曲曲的羊肠小道增强了消化吸收的功能。酸性的胃内容物进入小肠后，经过各种消化液（肠液和胰液）的化学性消化作用，分解为各种营养物质而被吸收。未被消化的物质被小肠的蠕动推进到大肠，尚可在大肠微生物和由小肠液带入大肠内的各种酶的作用下继续分解、消化和吸收，剩余残渣形成粪便而排出体外。

（二）羊的反刍

反刍行为是由于粗糙的食物刺激了网胃、瘤胃前庭和食管沟的黏膜，经复杂的神经反射，产生逆呕，将食物返回到口腔，重复咀嚼、混合唾液和再吞咽的过程。一般情况下，食入饲料后1~2小时出现反刍，每次反刍平均持续期1个小时左右。反刍的次数与饲料种类有关，吃粗料的反刍次数比吃精料时多。一昼夜反刍总时间6~7个小时。通常在安静休息时，产生反刍，不良的外来刺激可导致反刍中止，反刍一旦长期停止，食物被滞留在瘤胃内，往往会因发酵产生的大量气体，致使瘤胃臌胀。尚未吃草的吮乳羔羊没有反刍行为，食入的乳直接进入真胃。

二、羊的繁殖生理特点

（一）繁殖有季节性

羊的发情表现受光照长短的影响，而光照长短变化是有季节性的，所以，羊的繁殖也是有季节性规律的。一般秋分开始，春分结束。在非繁殖季节，一般在春、夏季，卵巢机能活动处于静止状态，母羊不会发情排卵。

绵羊的繁殖季节一般在7月至翌年1月，而发情最多最集中的时间是9~11月。山羊的发情表现对光照的影响反应没有绵羊明显，所以，山羊很多品种的繁殖季节多为常年性的，一般没有限定的发情配种季节。

公羊的繁殖不管是山羊还是绵羊，都没有明显的繁殖季节，常年都能配种。但公羊的性欲表现，特别是精液品质，也有季节性变化的特点，一般还是秋季好。

（二）羊的发情特点

公羊对发情母羊分泌的外激素很敏感。公羊追嗅母羊外阴部的尿水，并发生反唇卷鼻行为，有时用前肢拍击母羊并发出求爱的叫声，同时，做出爬跨动作。

母羊在发情旺盛时，有的主动接近公羊，或公羊追逐时站立不动，小母羊胆子小，公羊追逐时惊慌失措，在公羊的追逐下才接受交配。因此，由于母羊发情不明显，在进行人工辅助交配和人工授精时，要使用试情公羊发现发情母羊。

三、羊生长发育规律

羊的整个生命期可划分为胚胎时期和生后时期两大阶段。把胚胎时期又可划分为胚期、胎前期和胎儿期。把生后时期又可划分为哺乳期、幼年期、青年期、成年期和老年期。胚期指从受精卵开始逐渐发育到与母体建立联系时为止。此期特点是细胞强烈分化，出现 3 个细胞层，形成尿囊。胎前期是指从胚胎着床到胎盘形成的时期，其主要特征是各种器官迅速形成，逐渐出现品种特征，此期内完全形成胎盘，并通过绒毛膜与母体子宫建立牢固的联系。胎儿期是指从胎儿形成到出生的时期。此阶段体躯及各种组织器官迅速生长，体重增加很快，同时形成被毛与汗腺，品种特征也逐渐明显。体重增重占整个胚胎期体重的 3/4。可见，胎儿出生时的重量主要是在胎儿期生长的，且主要是在胎儿期后期即妊娠的后 2 个月内完成的。哺乳期指羔羊出生到断奶的这段时期，一般 3~4 个月。是羔羊对外界环境逐渐适应的时期。这一时期羔羊的主要营养物质来源仍依靠母乳，生长发育又非常迅速。幼年期指羔羊由断奶到性成熟这段时期。这一时期羔羊由依赖母乳过渡到食用饲料，采食量不断增加，消化能力大大加强，骨骼和肌肉迅速增长，各组织器官也相应增大，绝对增重逐渐上升，是生产肥羔的最有利时期。青年期指由性成熟到体成熟的这段时期。这时羊的各组织器官的结构和机能逐渐完善，绝对增重达最高值，以后则下降。对于肉羊而言，这一时期往往也是有效的经济利用时期。成年期指的是从体成熟到开始衰老的时期。成年期羊只体型已定型，生理机能已完全成熟，生产性能已达最高峰，能量代谢水平稳定，在饲料丰富的条件下，能迅速沉积脂肪。老年期是指从开始衰老到死亡的这段时期。老年期羊只整个机体代谢水平开始下降，各种器官的机能逐渐衰退，饲料利用率和生产性能也随之下降，呈现各种衰老现象。

因此，羊的生长发育具有明显的阶段性。各阶段的长短因品种而异，且可通过一定的饲养管理条件加快或延迟。另外，大量的研究表明，羊的肌肉、脂肪、骨骼等组织器官以及外形在各生理阶段的生长发育不是等比例的，即生长发育的各生理阶段具有不平衡性。如胚胎期羊的外周骨（四肢骨）生长强度大，主轴骨生长缓慢，羊出生后则相反。因此，羔羊出生时体型表现为头大，四肢高，体躯相对短、浅而狭窄，随着年龄的增加，则各部分比例趋于协调，达到品种特征；羊只出生后肌肉的增多主要是肌肉纤维体积的增大，因而，老羊肉肌纤维粗糙，而羔羊肉肌纤维细嫩；脂肪沉积的部位也随羊只不同而有区别。一般首先贮存于内脏器官附近，其次在肌肉之间，继而在皮下，最后积贮于肌肉纤维中，所以越早熟的品种，其肉质越细嫩。年老的羊经过肥育，达到脂肪沉积于肌纤维间，肉质也可变嫩些。生产实践中，利用羊只这些生长发育规律合理组织生产，将会收到良好的效果。

生产实践中一般认为，羔羊在出生至7月龄的生长速度最快，7~19月龄仍保持较高的增长速度，到19月龄后体重增加缓慢。这说明羔羊在出生后的一段时间内生长发育的速度较快，在适宜的条件下，羔羊在1~5月龄活重的增长速度最高，在10月龄前仍保持较高的增长速度；随后绝对体重增加，但生长速度明显减慢，月增重速度趋于平稳，并保持在一个较低的水平。羔羊育肥正是利用羔羊前期生长速度快的发育特点，配合相应的育肥措施，满足生长发育的营养需求，最大限度地提高增重速度，在短的时间内取得较高的日增重和经济效益。

第二章 羊病检查诊断的方法

第一节 大群检查的三个重要环节

羊临床诊断时，如羊数不多，可以直接进行个体检查，但在运输、仓储等生产环节中，羊的数量较多，不可能逐一进行检查，此时应先作大群检查（初检），从大群羊中先剔出病羊和可疑病羊，然后再对其进行个体检查（复检）。运动、休息和摄食饮水的检查，是对大群羊进行临床检查的三大环节；“眼看、耳听、手摸、检温（即用体温计检查羊的体温）”，是对大群羊进行临床检查的主要方法。运用“看、听、摸、检”的方法，通过三大环节的检查，可以把大部分病羊从羊群中检查出来。运动时的检查，是在羊群自然活动和人为驱赶活动时的检查，从不正常的动态中找出病羊。休息时的检查，是在保持羊群安静的情况下，进行“看”和“听”，以检出姿态和声音有异常变化的羊。摄食饮水时的检查，是在羊自然摄食、饮水或喂给少量食物、饮水时进行的检查，以检出摄食饮水有异常表现的羊。根据羊群流转情况，由车船卸下或者由圈舍赶往饲喂场所时，可重点检查运动时的状态；当在车厢、船舱及圈舍内休息时，可重点检查休息时的状态。有时在休息时的检查，需要将羊轰赶起来，令其走动，以检查其运动时的状态。因此，这 3 个环节的检查可根据实际情况灵活运用。

一、运动时的检查

检查者位于羊群旁边或进入羊群内。首先，观察羊的精神外貌和姿态步样。健康羊精神活泼，步态平稳，不离群，不掉队。而病羊多精神不振，沉郁或兴奋不安，步行踉跄或呈旋回状，跛行，前肢软弱跪地或后肢麻痹，有时突然倒地发生痉挛等。发现这些异常表现的羊时，应将其剔出作个体检查。其次，注意观察羊的天然孔及分泌物。健康羊鼻镜湿润，鼻孔、眼及嘴角干净，病羊则表现鼻镜干燥，鼻孔流出分泌物，有的鼻孔周围污染脏土杂物，眼角附着脓性分泌物，嘴角流出唾液，发现这样的羊，应将其剔出复检。

二、休息时的检查

检查者位于羊群周围，保持一定距离。首先，有顺序地并尽可能地逐只观察羊的站立和躺卧姿态。健康羊吃饱后多合群卧地休息，时而进行反刍，当有人接近时常起立离去。病羊常独自呆立一侧，肌肉震颤及痉挛，或离群单卧，长时间不见其反刍，有人接近也不理睬。发现这样的羊应作进一步检查。其次，与运动时的检查一样要注意羊的天然孔、分泌物及呼吸状态等，当发现口鼻及肛门等处流出异常分泌物及排泄物，鼻镜干燥和呼吸急促时，也应剔出。再次，注意被毛状态，如发现被毛有脱落之处，无毛部位有痘疹或痂皮时，也要剔出作进一步检查。休息时的检查还要听羊的各种声音，如听到磨牙声、咳嗽声或喷嚏声时，也要剔出复检。

三、摄食饮水时的检查

在放牧、喂食或饮水时，对羊的食欲及摄食饮水状态进行的观察。健康羊在放牧时多走在前头，边走边吃草，饲喂时也多抢着吃草，当饮水时或放牧中遇见水时，多迅速奔向饮水处，争先喝水。病羊吃草时，多落在后边，时吃时停，或离群停立了吃草，当全群羊吃饱后，病羊的肷窝（肌部）仍不膨起，饮水时或不喝或暴饮，如发现这样的羊，应予剔出。

第二节　个体临床检查基本方法

临床诊断最常用的方法是：望、闻、问、切、听等，根据所发现的症状表现及异常变化，综合起来加以分析，往往可以对疾病做出诊断，或为进一步检验提供依据。

一、望（视诊）

视珍是观察病羊的表现。视诊时，最好先从离病羊几步远的地方观察羊的肥瘦、姿势、步态等情况；然后靠近病羊详细察看被毛、皮肤、黏膜、结膜、粪尿等情况。

（一）肥瘦

一般急性病，如急性胸胀、急性炭疽等，病羊身体仍然肥壮；相反，一般慢性病，如寄生虫病等，病羊身体多为瘦弱。

（二）姿势

观察病羊一举一动是否与平素相同，如果不同，就可能是有病的表现。有些疾病表现出特殊的姿势，如破伤风表现四肢僵直，行动不灵便。

（三）步态

一般健康羊步行活泼而稳定。如果羊患病时，常表现行动不稳，或不喜行走。当羊的四肢肌肉、关节或跨部发生疾病时，则表现为跛行。

（四）毛和皮肤

健康羊的被毛，平整而不易脱落，富有光泽。在病理状态下，被毛粗乱蓬松，失去光泽，而且容易脱落。患螨病的羊，脊部被毛可成片脱落，同时皮肤变厚变硬，出现蹭痒和摔伤。在检查皮肤时，除注意皮肤的颜色外，还要注意有无水肿、炎性肿胀、外伤以及皮肤是否温热等。

（五）黏膜

一般健康羊的眼结膜、鼻腔、口腔、阴道和肛门黏膜呈光滑粉红色（图 2-1）。如口腔黏膜发红，多半是由于体温升高，身体上有发炎的地方。黏膜发红并带有红点、血丝或呈紫色，是由于严重的中毒或传染病引起的。黏膜是苍白色，多为患贫血病；呈黄色，多为患黄疸病；呈蓝色，多为肺脏、心脏患病。

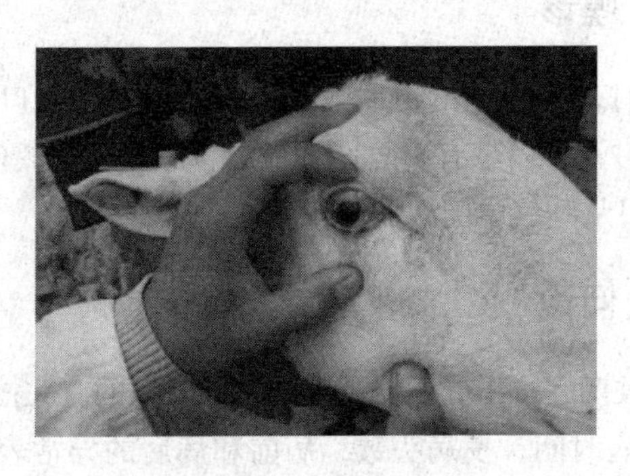

图 2-1 眼结膜检查

（六）吃食、饮水、口腔和粪尿

羊吃食或饮水忽然增多或减少，以及喜欢舔泥土、吃草根等，也是有病的表现，可能是慢性营养不良。反刍减少、无力或停止，表示羊的前胃有病。口腔有病时，如喉头炎、口腔溃疡、舌有烂伤等，打开口腔就可以看出来。羊的排粪也要检查，主要检查其形状、硬度、色泽及附着物等。正常时，羊粪呈小球形，没有难闻臭味、病理状态下，粪便有特殊臭味，见于各型肠炎；粪便过于干燥，多为缺水和肠弛缓；粪便过于稀薄，多为肠机能亢进；前部肠管出血粪呈黑褐色，后部出血则是鲜红色；粪内有大量黏液，表示肠黏膜有卡他性炎症；粪便混存完整谷粒和纤维很粗，表示消化不良；混有纤维素膜时，表示为纤维素性肠炎；混有寄生虫及其节片时，体内有寄生虫。正常羊每天排尿 3~4 次，排尿次数和尿量过多或过少，以及排尿痛苦、失禁，都是有病的征候。

（七）呼吸

正常时，羊每分钟呼吸 12~20 次。呼吸次数增多，见于热性病、呼吸系统疾病、心脏衰弱及贫血、腹压升高等；呼吸次数减少，主要见于某些中毒、代谢障碍、昏迷。另外，还要检查呼吸型、呼吸节律以及呼吸是否困难等。

二、闻（嗅诊）

诊断羊病时，嗅闻分泌物、排泄物、呼出气体及口腔气味也很重要。如肺坏疽时，鼻内带有腐败性恶臭；胃肠炎时，粪便腥臭或恶臭；消化不良时，可从呼气中闻到酸臭味。

三、问（问诊）

问诊是通过询问畜主或饲养员，了解羊发病的有关情况，询问内容一般包括：发病时间，发病头数，病前和病后的异常表现，以往的病史、治疗情况、免疫接种情况，饲养管理情况以及羊的年龄、性别等。但在听取其回答时，应考虑所谈情况与当事人的利害关系（责任），分析其可靠性。

四、切（触诊）

触诊是用指或手指尖感触被检查的部位，并稍加压力，以便确定被检查的各个器官组织是否正常。触诊常用如下几种方法。

（一）皮肤检查

主要检查皮肤的弹性、温度、有无肿胀和伤口等。羊的营养不好，或得过皮肤病，皮肤就没有弹性。发高烧时，皮温会升高。

（二）体温检查

一般用手摸羊耳朵或把手插过羊嘴里去握住舌头，可以知道病羊是否发烧。但是准确的方法，是用体温表测量。在给病羊量体温时，先把体温表的水银柱甩下去，涂上油或水以后，再慢慢插入肛门里，体温表的 1/3 留在肛门外面，插入后滞留的时间一般为 2~5 分钟（图 2–2）。羊的体温，一般幼羊比成年羊高一些，热天比冷天高一些，运动后比运动前高一些，这都是正常的生理现象。羊的正常体温是 38~40℃。如高于正常体温，则为发热，常见于传染病。

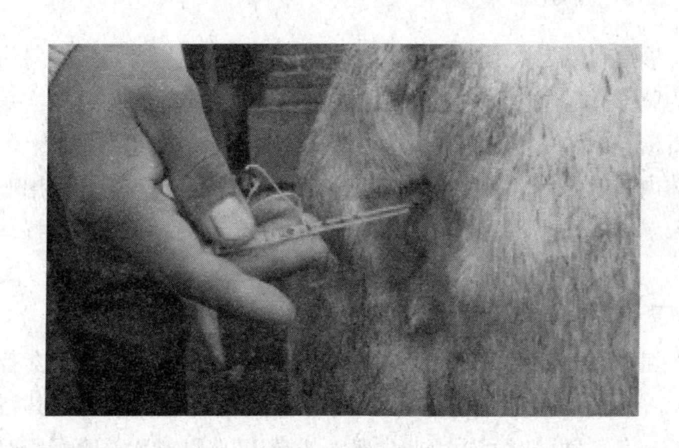

图 2–2　直肠测量体温

（三）脉搏检查

检查时，注意每分钟跳动次数和强弱等。检查羊脉搏的部位，是用手指摸后肢股部内侧的动脉。健康羊每分钟脉搏跳动 70~80 次。羊有病时，脉搏的跳动次数和强弱都和正常羊不同。

（四）体表淋巴结检查

主要检查颌下、肩前、膝上和乳房上淋巴结。当羊发生结核病、卡他结核病、羊链球菌病时，体表淋巴结往往肿大，其形状、硬度、温度、敏感性及活动性等也会发生变化。

（五）人工诱咳

检查者立在羊的左侧，用右手捏压气管前3个软骨坏，羊有病时，就容易引起咳嗽。羊发生肺炎、胸膜炎、结核时，咳嗽低弱；发生喉炎及支气管炎时，则咳嗽强而有力。

五、听（听诊）

听诊是利用听觉来判断羊体内正常的和有病的声音。最常用的听诊部位为胸部（心、肺）和腹部（胃、肠）。听诊的方法有两种：一种是直接听诊，即将一块布铺在被检查的部位，然后把耳朵紧贴其上，直接听羊体内的声音；另一种是间接听诊，即用听诊器听诊。不论用哪种方法听诊，都应当把病羊牵到清静的地方，以免受外界杂音的干扰。

（一）心脏听诊

心脏跳动的声音，正常听诊时可听到“嘣——咚”两个交替发出的声音（图2-3）。“嘣”音，为心脏收缩时所产生的声音，其特点是低、钝、长、间隔时间短，叫做第一心音。“咚”音为心脏舒张时所产生的声音，其特点是高、锐、间隔时间长，叫做第二心音。第一、第二心者均增强，见于热性病的初期；第一、第二心音均减弱，见于心脏机能障碍的后期或患有渗出性胸膜炎、心包炎；第一心音增强时，常伴有明显的心搏动增强和第二心音微弱，主要见于心脏衰弱的后期，排血量减少，动脉压下降时；第二心音增强时，见于肺气肿、肺水肿、肺炎等病理过程中。如果在正常心音以外听到其他杂音，多为瓣膜疾病、创伤性心包炎、胸膜炎等。

（二）肺脏听诊

是听取肺脏在吸入和呼出空气时，由于肺脏振动而产生的声音（图2-4）。一般有下列5种。

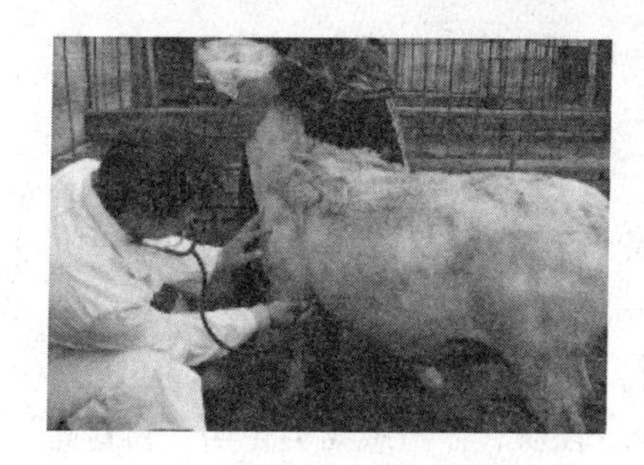

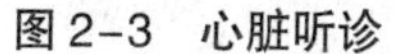

图 2-3　心脏听诊

图 2-4　肺部听诊

1. 肺泡呼吸音

健康羊吸气时，从肺部可听到“夫”的声音；呼气时，可以听到“呼”的声音，这称为肺泡呼吸音。肺泡呼吸音过强，多为支气管炎、黏膜肿胀等；过弱时，多为肺泡肿胀、肺泡气肿、渗出性胸膜炎等。

2. 支气管呼吸音

是空气通过喉头狭窄部所发出的声音，类似“赫”的声音。如果在肺部听到这种声音，多为肺炎的病变或见于羊的传染性胸膜肺炎等病。

3. 啰音

支气管发炎时，管内积有分泌物，被呼吸的气流冲动而发出的声音。啰音可分为干啰音和湿啰旨两种。干啰音甚为复杂，有咚隆声、笛声、口哨声及猫鸣声等，多见于慢性支气管炎、慢性肺气肿、肺结核等。湿啰音类似含漱音、沸腾音或水泡破裂音，多发生于肺水肿、肺充血、肺出血、慢性肺炎等。

4. 捻发音

这种声音像用手指捻毛发时所发出的声音，多发生于慢性肺炎、肺水肿等。

5. 摩擦音

一般有两种，一为胸膜摩擦音，多发生在肺脏与胸膜之间，多见于纤维素性胸膜炎、胸膜结核等。因为胸膜发炎，纤维素沉积，使胸膜变得粗糙，当呼吸时，互相摩擦而发出声音，这种声音像一手贴在耳上，用另一手的手指轻轻摩擦贴耳的手背所发出的声音。另一种为心包摩擦音，当发生纤维素性心包炎时，心包的两叶失去润滑性，因而伴随心脏的跳动两叶互相摩擦而发生杂音。

6. 腹部听诊

主要是听取腹部胃肠运动的声音。羊健康的时候，于左侧腹部可听到瘤胃蠕动音，呈逐渐增强又逐渐减弱的沙沙音，每两分钟可听到3~6次。羊患前胃弛缓或发热性疾病时，瘤胃蠕动音减弱或消失。羊的肠音，类似于流水声或漱口声，正常时较弱。在羊患肠炎初期，肠音亢进；便秘时，肠音消失。

六、叩诊

叩诊（图2–5）就是敲打体表某一部位，根据所产生的音响性质来推断内部病理变化或某一器官的投影轮廓。一般是用左手食指或中指平放在被查部位，然后用右手中指由第二指节成直角弯曲，向左手食指或中指第二指节上敲打。叩诊的声音有清音、浊音、半浊音和鼓音。

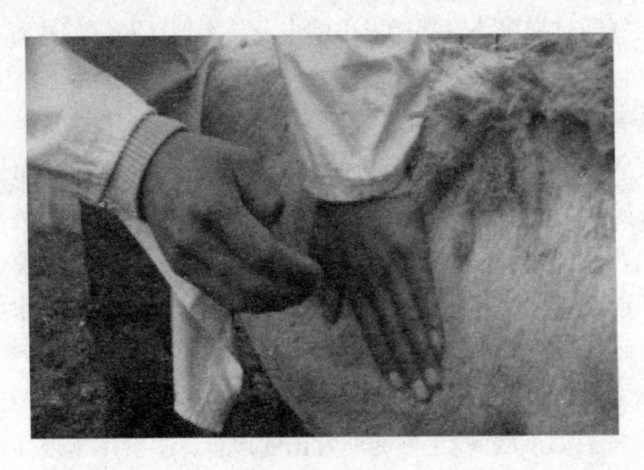

图2–5　叩诊

清音，为叩诊健康羊胸廓所发出的持续高而清的声音；浊音，当羊胸腔积聚大量渗出液时，叩打胸壁出现水平浊音界；半浊音，介于清音与浊音之间的一种声音，叩诊含少量气体的组织，如肺缘，可发出此种声音，当羊患支气管肺炎时，肺泡含气量减少，叩诊呈半浊音；鼓音，叩诊瘤胃即发出的声音，若瘤胃臌气，则发出的鼓音增强。

第三节　病理学诊断

一、解剖病理学观察

病羊解剖病理学观察是诊断羊病，确定病原或病因的基本手段，通过观察相关器官的病变情况，结合外观检查可以做出初步的诊断，为疾病治疗和后续确诊提供依据。一般来讲，不同组织器官的检查要点各有侧重。

（一）皮下检查

在剥皮过程中进行，要注意检查皮下有无出血、水肿、脱水、炎症和脓肿，并观察皮下脂肪组织的多少、颜色、性状及病理变化性质等。

（二）淋巴结

要特别注意颌下淋巴结、颈浅淋巴结、腹股沟下淋巴结、肠系膜淋巴结、肺门淋巴结等的检查。注意检查其大小、颜色、硬度、与其周围组织的关系及横切面的变化。

（三）肺脏

首先注意其大小、色泽、重量、质度、弹性、有无病灶及表面附着物等。然后用剪刀将支气管剪开，注意检查支气管黏膜的色泽、表面附着物的数量、黏稠度。最后将整个肺脏纵横切割数刀，观察切面有无病变，切面流出物的数量、色泽变化等。

（四）心脏

先检查心脏纵沟、冠状沟的脂肪量和性状，有无出血。然后检查心脏的外形、大小、色泽及心外膜的性状。最后切开心脏检查心腔。沿左

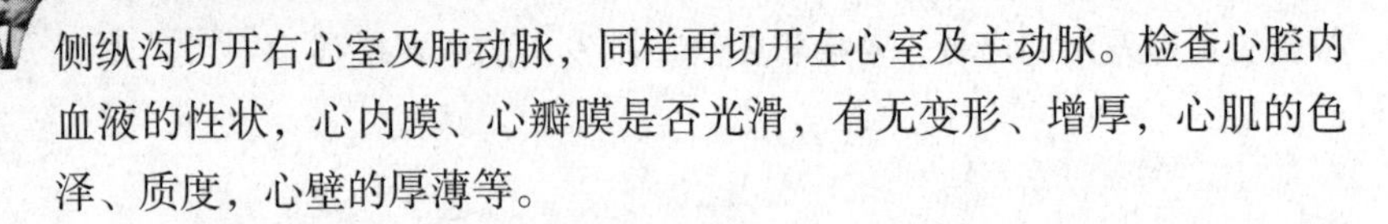

侧纵沟切开右心室及肺动脉，同样再切开左心室及主动脉。检查心腔内血液的性状，心内膜、心瓣膜是否光滑，有无变形、增厚，心肌的色泽、质度，心壁的厚薄等。

（五）脾脏

脾脏摘出后，注意其形态、大小、质度；然后纵行切开，检查脾小梁、脾髓的颜色，红、白髓的比例，脾髓是否容易刮脱。

（六）肝脏

先检查肝门部的动脉、静脉、胆管和淋巴结。然后检查肝脏的形态、大小、色泽、包膜性状、有无出血、结节、坏死等。最后切开肝组织，观察切面的色泽、质度和含血量等情况。注意切面是否隆突，肝小叶结构是否清晰，有无脓肿、寄生虫性结节和坏死等。

（七）肾脏

先检查肾脏的形态、大小、色泽和质度，然后由肾的外侧面向肾门部将肾脏纵切为相等的两半，检查包膜是否容易剥离，肾表面是否光滑，皮质和髓质的颜色、质度、比例、结构，肾盂黏膜及肾盂内有无结石等。

（八）胃的检查

检查胃的大小、质度，浆膜的色泽，有无粘连、胃壁有无破裂和穿孔等。羊胃的检查，特别要注意网胃有无创伤，是否与膈相粘连。如果没有粘连，可将瘤胃、网胃、瓣胃、皱胃之间的联系分离，使4个胃展开。然后沿皱胃小弯与瓣胃、网胃之大弯剪开，瘤胃则沿背缘和腹缘剪开，检查胃内容物及黏膜的情况。

（九）肠管的检查

从十二指肠、空肠、回肠、大肠、直肠分段进行检查。在检查时，先检查肠管浆膜面的情况。然后沿肠系膜附着处剪开肠腔，检查肠内容物及黏膜情况。

（十）骨盆腔器官的检查

公畜生殖系统的检查，从腹侧剪开膀胱、尿管、阴茎，检查输尿管开口及膀胱、尿道黏膜，尿道中有无结石，包皮、龟头有无异常分泌物；切开睾丸及副性腺检查有无异常。母畜生殖系统的检查，沿腹侧剪开膀胱，沿背侧剪开子宫及阴道，检查黏膜、内腔有无异常；检查卵巢形状，卵泡、黄体的发育情况，输卵管是否扩张等。

（十一）脑的检查

打开颅腔之后，先检查硬脑膜有无充血、出血和淤血。然后切开大脑，检查脉络丛的性状和脑室有无积水。最后横切脑组织，检查有无出血及溶解性坏死等变化。

二、组织病理学观察

组织病理学技术是融解剖学技术、组织胚胎学技术、病理学技术和临床实践经验于一体的综合性诊断技术，通过观察动物重要器官的组织学结构特征、联系病变器官的代谢和机能的改变，探讨疾病的病因、发病机制以及病理变化与临床表现的内在联系和相互的关系。一般来讲，是将病变组织制成切片染色，或脱落、穿刺细胞涂片，经染色后用光学显微镜观察组织和细胞的病理变化。组织切片最常用苏木素伊红染色（HE 染色），必要时可辅以一些特殊染色。

第四节　羊病的实验室诊断方法

一、病料的采集、保存和运送

羊群发生疑似传染病时，应采取病料送有关诊断实验室检验。病料的采集、保存和运送是否正确，对疾病的诊断至关重要。

（一）病料的采集

1. 剖检前检查

凡发现羊急性死亡时，必须先用显微镜检查其末梢血液抹片中有无炭疽杆菌存在。如怀疑是炭疽，则不可随意剖检，只有在确定不是炭疽时，方可进行剖检。

2. 取材时间

内脏病料的采取，须于死亡后立即进行，最好不超过 6 小时，否则时间过长，由于肠内侵入其他细菌，易使尸体腐败，影响病原微生物检出的准确性。

3. 器械助消毒

刀、剪、镊子、注射器、针头等应煮沸几分钟。器皿（玻璃制、陶制、珐琅制等）可用高压灭菌或干烤灭菌。软木塞、橡皮塞置于 0.5% 石炭酸水溶液中煮沸 10 分钟。采取 1 种病料，使用 1 个器械和容器，不可混用。

4. 病料采集

应根据不同的传染病，相应地采取该病常受侵害的脏器或内容物。如败血性传染病可采取心、肝、脾、肺、肾、淋巴结、胃、肠等；肠毒血症采取小肠及其内容物；有神经症状的传染病采取脑、脊髓等。如无法判定是哪种传染病，可进行全面采取。检查血清抗体时，采取血液，凝固后析出血清，将血清装入灭菌小瓶中送检。为了避免杂菌污染，对病变的检查应待病料采取完毕后再进行。供显微镜检查用的脓、血液及黏液抹片，可按下述推片固定法制作：先将材料置于载玻片上，再用灭菌玻棒均匀涂抹或以另一玻片一端的边缘与载玻片成 45° 角推抹之（图 2-6）；用组织块作触片时，可持小镊将组织块的游离面在载玻片上轻轻涂抹

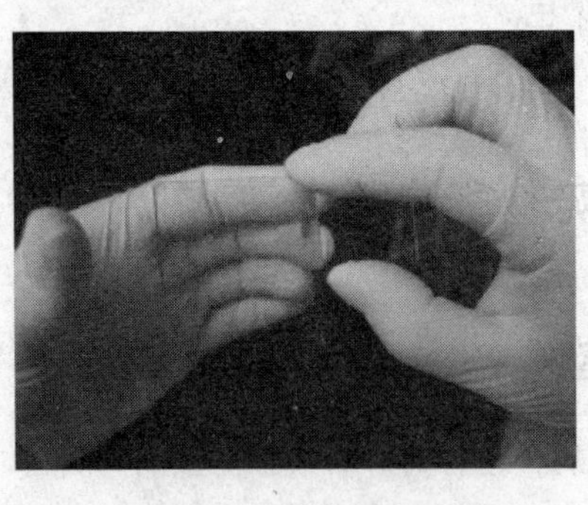

图 2-6　推片固定法

即可。做成的抹片、触片，包扎，载玻片上应注明号码，并另附说明。

（二）病料的保存

病料采取后，如不能立即检验，或需送往有关单位检验，应当装入容器并加入适量的保存剂，使病料尽量保持新鲜状态。

1. 细菌检验材料的保存

将脏器组织块保存于装有饱和氯化钠溶液或30%甘油缓冲盐水的容器中，容器加塞封固。病料如为液体，可装在封闭的毛细玻管或试管中运送。饱和氯化钠溶液的配制法是：蒸馏水100毫升、氯化钠38~39克，充分搅拌溶解后，用数层纱布过滤，高压灭菌后备用。30%甘油缓冲盐水溶液的配制法是：中性甘油30毫升、氯化钠0.5克、碱性磷酸钠1克，加蒸馏水至100毫升，混合后高压灭菌备用。

2. 病毒检验材料的保存

将脏器组织块保存于装有50%甘油缓冲盐水或鸡蛋生理盐水的容器中，容器加塞封固。50%甘油缓冲盐水溶液的配制方法是；氯化钠2.5克、酸性磷酸钠0.46克、碱性磷酸钠10.74克，溶于100毫升中性蒸馏水中，加纯中性甘油150毫升、中性蒸馏水50毫升，混合分装后，高压灭菌备用。鸡蛋生理盐水的配制法是：先将新鲜鸡蛋表面用碘酒消毒，然后打开将内容物倾入灭菌容器内，按全蛋9份加入灭菌生理盐水1份，摇匀后用灭菌纱布过滤，再加热至56~58℃，持续30分钟，第二天及第三天按上法再加热1次，即可应用。

3. 病理组织学检验材料的保存

将脏器组织块放入10%福尔马林溶液或95%酒精中固定；固定液的用量应为送检病料的10倍以上。如用10%福尔马林溶液固定，应在24小时后换新鲜溶液1次。严寒季节为防病料冻结，可将上述固定好的组织决取出，保存于甘油和10%福尔马林等量混合液中。

（三）病料的运送

装病料的容器要一一标号，详细记录，并附病料送检单。病料包装要求安全稳妥，对于危险材料、怕热或怕冻的材料要分别采取措施。一般供病原学检验的材料怕热，供病理学检验的材料怕冻。前者应放入加有冰块的保温瓶内送检，如无冰块，可在保温瓶内放入氯化铝450~500克，加水1 500毫升，上层放病料，这样能使保温瓶内保持0℃达24小时。包装好的病料要尽快运送，长途以空运为宜。

二、细菌学检验

（一）涂片镜检

将病料涂于清洁无油污的载玻片上，干燥后在酒精灯火焰上固定，选用单染色法（如美蓝染色法）、革兰氏染色法、抗酸染色法或其他特殊染色法染色镜检（图2–7、图2–8），根据所观察到的细菌形态特征，作出初步诊断或确定进一步检验的步骤。

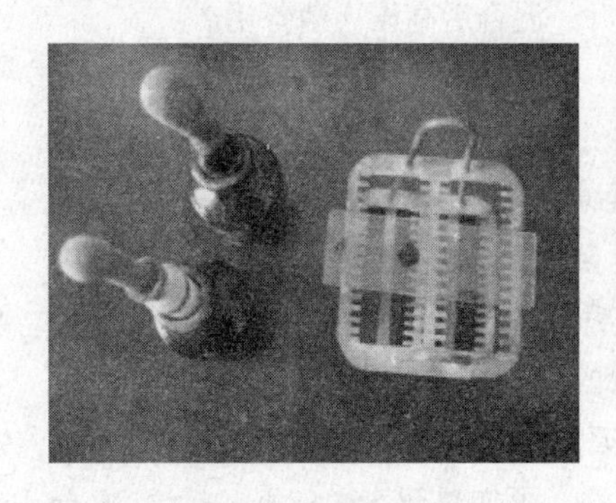

图2–7　玻片染色

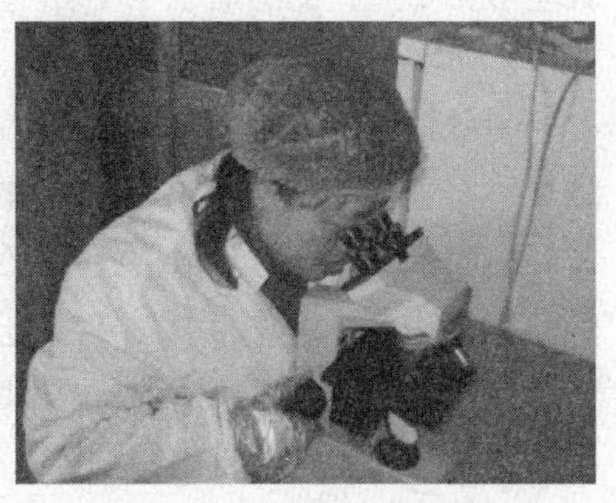

图2–8　显微镜检查病原

（二）分离培养

根据所怀疑传染病病原菌的特点，将病料接种于适宜的细菌培养基上，在一定温度（常为37℃）下进行培养（图2–9），获得纯培养苗后，再用特殊的培养基培养，进行细菌的形态学、培养特征、生化特性、致病力和抗原特性鉴定。

图2–9　细菌分离培养

（三）动物实验

用灭菌生理盐水将病料做成 1：10 悬液，或利用分离培养获得的细菌液感染实验动物，如小白鼠、大白鼠、豚鼠、家兔等。感染方法可用皮下、肌内、腹腔、静脉或脑内注射。感染后按常规隔离饲养管理，注意观察，有时还须对某种实验动物测量体温；如有死亡，应立即进行剖检及细菌学检查。

三、病毒学检验

（一）样品处理检验

病毒的样品，要先除去其中的组织和可能污染的杂菌。其方法是以无菌手段取出病料组织，用磷酸缓冲液反复洗涤 3 次，然后将组织剪碎、研细，加磷酸缓冲液制成 1：10 悬浮液（血液或渗出液可直接制成 1：10 悬液），以每分钟 2 000~3 000 转的速度离心沉淀 15 分钟，取出上清液，每毫升加入青霉素和链霉素各 1 000 单位，置冰箱中备用。

（二）分离培养

病毒不能在无生命的细菌培养基上生长，因此，要把样品接种到鸡胚或细胞培养物上进行培养。对分离到的病毒，用电子显微镜检查、血清学试验及动物实验等方法进行物理、化学和生物学特性的鉴定。

（三）动物实验

将上述方法处理过的待检样品或经分离培养得到的病毒液，接种易感动物，其方法与细菌学检验中的动物实验相同。

四、寄生虫病检验

羊寄生虫病的种类很多，但其临床症状除少数外都不够明显。因此，羊寄生虫病的生前诊断往往须要进行实验室检验。常用的方法有以下几种。

（一）粪便检查

羊患了蠕虫病以后，其粪便中可排出蠕虫的卵、幼虫、虫体及其片段，某些原虫的卵囊、包囊也可通过粪便排出。因此，粪便检查是寄生虫病生前诊断的一个重要手段。检查时，粪便应从羊的直肠挖取，或用刚刚排出的粪便。检查粪便中虫卵常用的方法如下。

1. 直接涂片法

在洁净无油污的载玻片上滴 1~2 滴清水，用火柴棒蘸取少量粪便放入其中，涂匀，剔去粗渣，盖上盖玻片，置于显微镜下检查（图 2–10）。此法快速简便，但检出率很低，最好多检查几个标本。

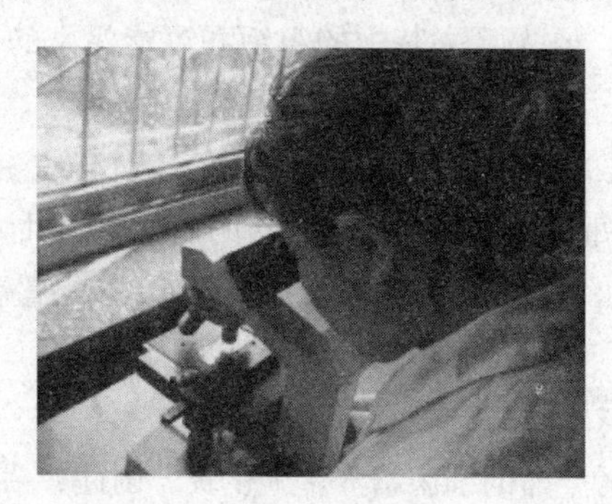

图 2–10　寄生虫涂片检查

2. 漂浮法

取羊粪 10 克，加少量饱和盐水，用小棒将粪球捣碎，再加几倍量的饱和盐水搅匀，以 60 目铜筛过滤，静置 30 分钟，用直径 5~10 毫米的铁丝圈，与液面平行接触，蘸取表面液膜，抖落于载玻片上并覆盖盖玻片，置于显微镜下检查。该法能查出多数种类的线虫卵和一些绦虫卵，但对相对密度大于饱和盐水的吸虫卵和棘头虫卵，效果不大。

3. 沉淀法

取羊粪 5~10 克，放在 200 毫升容量的烧杯内，加入少量清水，用小棒将粪球捣碎，再加 5 倍量的清水调制成糊状，用 60 目铜筛过滤，静置 15 分钟，弃去上清液，保留沉渣。再加满清水。静置 15 分钟，弃去上溶液，保留沉渣。如此反复 3~4 次，最后将沉渣涂于载玻片上，置显微镜下检查。此法主要用于诊断虫卵相对密度大的羊吸虫病。

（二）虫体检查

1. 蠕虫虫体检查

将羊粪数克盛于盆内，加 10 倍量生理盐水，搅拌均匀，静置沉淀 20 分钟，弃去上清液。再于沉淀物中重新加入生理盐水，搅匀，静置后弃去上清液；如此反复 2~3 次。最后取少量沉淀物置于黑色背景上，用放大镜寻找虫体。

2. 蠕虫幼虫检查法

取羊粪球 3~10 个，放在平皿内，加入适量 40℃的温水，10~15 分钟后取出粪球，将留下的液体放在低倍显微镜下检查。蠕虫幼虫常集中于羊粪球表面而易于从粪球表面转移到温水中而被检查出来。

3. 螨检查法

在羊体患部，先去掉干硬痂皮，然后用小刀刮取一些皮屑，放在烧杯内，加适量的 10% 氢氧化钾溶液，微微加温，20 分钟后待皮屑溶解，取沉渣镜检。

五、血常规检查

目前，血常规检验已成为兽医临床医生最常用的实验室诊断手段之一。血常规检验是指对血液中有形成分，如红细胞、白细胞、血小板等指标进行质和量的分析，也是为动物血液病及相关系统疾病的诊断和鉴别提供重要信息的途径之一。临床上可使用血常规分析仪进行检测，具有重复性强、方便、快捷、高效等特点。

第三章　羊病防治基础知识

第一节　羊病的治疗技术

一、保定

在了解羊的习性的基础上，视个体情况，尽可能在其自然状态进行检查。必要时，可采取一定的保定措施，以便于检查和处理，保证人、畜安全。接近羊只时，要胆大、心细、温和、注意安全。检查者应先向其发出欲接近的信号，然后从其侧前方徐徐接近。接近后，可用手轻轻抚摸其颈部或臀部，使其保持安静、温顺状态。

（一）物理保定法

1. 握角骑跨夹持保定法

保定者两手握住羊的两角或头部，骑跨羊身，以大腿内侧夹持羊两侧胸壁即可保定。适用于临床检查或治疗时的保定（图 3-1）。

2. 两手围抱保定法

保定者从羊胸侧用两手分别围抱其前胸或股后部加以保定。羔羊保定时，保定者坐着抱住羔羊，羊背向保定者，头朝上，臀部向下，两手分别握住前后肢。适用于一般检查或治疗时的保定（图 3-2）。

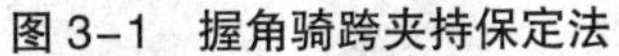

图 3–1　握角骑跨夹持保定法

图 3–2　两手围抱保定法

3. 侧卧保定法

保定大羊时，保定者俯身从对侧一手抓住两前肢系部或一前肢臂部，另一手抓住腹肋部膝袋处搬到羊体，然后，另一手改为抓住两后肢系部，前后一起按住即可。为了保定牢靠，可用绳将四肢捆绑在一起。适用于治疗或简单手术时的保定（图 3–3）。

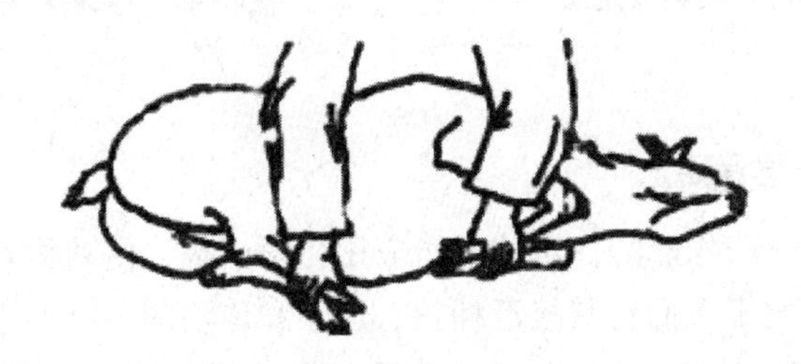

图 3–3　侧卧保定法

4. 倒立式保定法

保定者骑跨在羊颈部，面向后，两腿夹紧羊体，弯腰手将两后肢提起。适用于阉割、后躯检查等。

根据不同的检查需要，也可以采取单人徒手保定法（图 3–4）、双人徒手保定法（图 3–5）、栏架保定法（图 3–6）和手术床保定法（图 3–7）等。

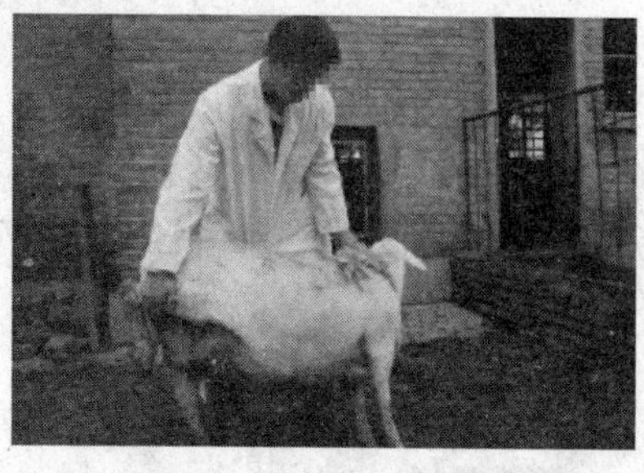

图 3–4　单人徒手保定法

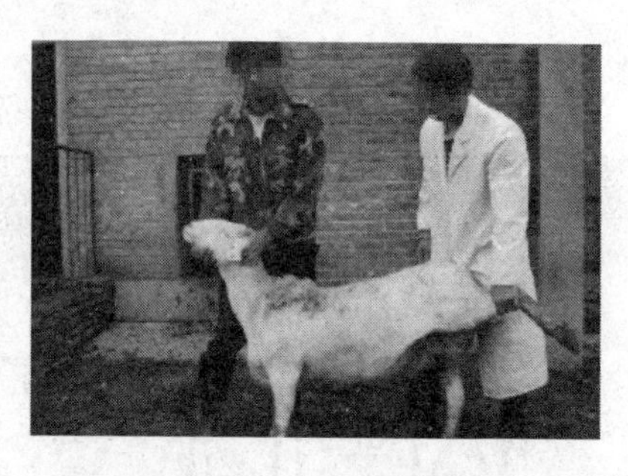

图 3–5　双人徒手保定法

图 3–6　栏架保定法

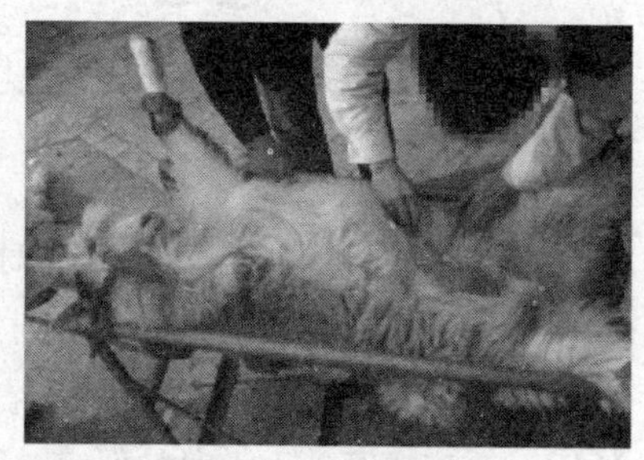

图 3–7　手术床保定法

（二）化学保定法

又称化学药物麻醉保定法。指应用化学试剂，使动物暂时失去运动能力，以便于人们对其接近捕捉、运输和诊治的一种保定方法。羊常用的药物和剂量（毫克 / 千克体重）为：静松灵 1.3~3.0，氯胺酮 20.0~40.0，司可林（氯化琥珀胆碱）2.0。化学保定剂一般作肌内注射，剂量一定要计算准确。

二、注射

注射法是将灭过菌的液体药物，用注射器注入羊的体内。注射前，要将注射器和针头用清水洗净，煮沸 30 分钟。注射器吸入药液后要直立推进注射器活塞排除管内气泡，准备注射。

（一）皮下注射

是把药液注射到羊的皮肤和肌肉之间。羊的注射部位是在颈部或股内侧皮肤松软处。注射时，先把注射部位的毛剪净，涂上碘酒，用左手捏起注射部位皮肤，右手持注射器，将针头斜向刺入皮肤，如针头能左右自由活动，即可注入药液；注毕拔出针头，在注射点上涂擦碘酒。凡易于溶解又无刺激性的药物及疫苗等，均可进行皮下注射。

（二）肌内注射

是将灭菌的药液注入肌肉比较多的部位。羊的注射部位是在颈部。注射方法基本上与皮下注射相同，不同之处是，注射时以左手拇、食指成“八”字形压住所要注射部位的肌肉，右手持注射器将针头向肌肉组织内垂直刺入，即可注药（图 3–8）。一般刺激性小、吸收缓慢的药液，如青霉素等，均可采用肌内注射。

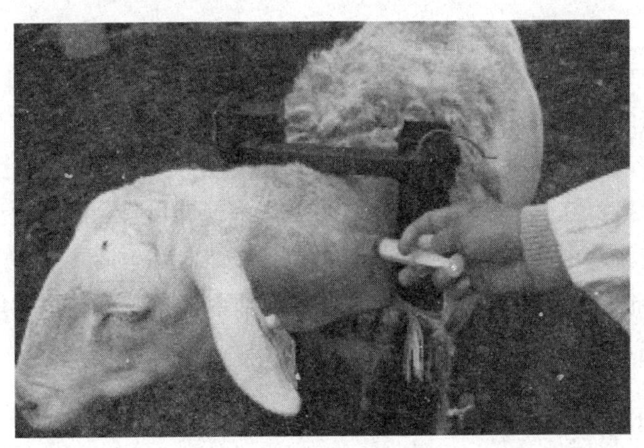

图 3–8　肌内注射

（三）静脉注射

是将灭菌的药液直接注射到静脉内，使药液随血流很快分布到全身，迅速发生药效。羊的注射部位是颈静脉。注射方法是将注射部位的毛剪净，涂上碘酒，先用左手按压静脉靠近心脏的一端，使其怒张，

右手持注射器，将针头向上刺入静脉内，如有血液回流，则表示已插入静脉内，然后用右手推动活塞，将药液注入；药液注射完毕后，左手按住刺入孔，右手拔针，在注射处涂擦碘酒即可，如药液量大，也可使用静脉输入器，其注射分两步进行：先将针头刺入静脉，再接上静脉输入器。凡输液（如生理盐水、葡萄糖溶液等）以及药物刺激性大，不宜皮下或肌内注射的药物（如九一四、氯化钙等），多采用静脉注射（图3-9）。

图 3-9　静脉注射

（四）气管注射

将药液直接注入气管内。注射时，多取侧卧保定，且头高臀低。将针头穿过气管软骨环之间，垂直刺入，摇动针头，若感觉针头确已进入气管，接上注射器，抽动活塞，见有气泡，即可将药液缓缓注入。如欲使药液流入两侧肺中，则应注射两次，第二次注射时，须将羊翻转，卧于另一侧。本法适用于治疗气管、支气管和肺部疾病，也常用于肺部驱虫（如羊肺线虫病）。

（五）皮内注射

主要用于皮内变态反应诊断，常在羊的颈部两侧部位，局部剪毛，碘酊消毒后，使用小号针头，以左手大拇指和食指、中指绷紧皮肤，右手持注射器，使针头几乎与注射部位的皮面呈平行方向刺入，至针头斜面完全进入皮内后，放松左手，以针头与针筒交接处压迫固定针头，右手注入药液，至皮肤表面形成一个小圆形丘疹即可。

（六）瘤胃穿刺注药法

当羊发生瘤胃臌气时，可采用本法。穿刺部位是在左肷窝中央臌气最高的部位。其方法为局部剪毛，碘酒消毒，将皮肤稍向上移，然后将套管针或普通针头垂直地或朝右肘头方向刺入皮肤及瘤胃壁，气体即从针头排出，然后拔出针头，碘酒消毒即可。必要时可从套管针孔注入防腐剂或消沫药。

三、给药

（一）口服给药法

1. 混饲给药

将药物均匀混入饲料中，让羊吃料时能同时吃进药物。此法简便易行，适用于长期投药，不溶于水的药物用此法更为恰当。应用此法时要注意药物与饲料的混合必须均匀，并应准确掌握饲料中药物所占的比例。为保证均匀混合，可把先把所需药物混入少量饲料中（图 3–10），然后把这些饲料再混入全部饲料中，用铁锹反复拌匀（图 3–11）。有些药适口性差，混饲给药时要少添多喂。

图 3–10　把药物拌入少量饲料中

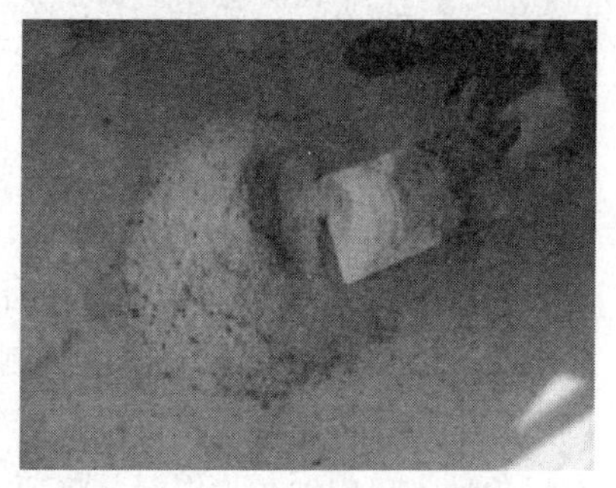

图 3–11　大堆饲料反复掺拌

2. 混水给药

将药物溶解于水中，让羊只自由饮用（图 3–12）。有些疫苗也可用此法投服。对患病不能进食但还能饮水的羊，此法尤其适用。采用此法须注意根据羊可能饮水的量，来计算药量与药液浓度。在给药前，一般应停止饮水半天，以保证每只羊都能饮到一定量的水。所用药物应易溶于水。有些药物在水中时间长了破坏变质，此时应限时饮用药液，以防止药物失效。

3. 长颈瓶给药法

当给羊灌服稀药液时，可将药液倒入细口长颈的玻璃瓶、塑料瓶或一般的酒瓶中，抬高羊的嘴巴，给药者右手拿药瓶，左手用食、中二指自羊右口角伸入口内，轻轻压迫舌头，羊口即张开。然后，右手将药瓶口从左口角伸入羊口中，并将左手抽出，待瓶口伸到舌头中段，即抬高瓶底，将药液灌入（图 3–13）。

图 3–12　药物混水

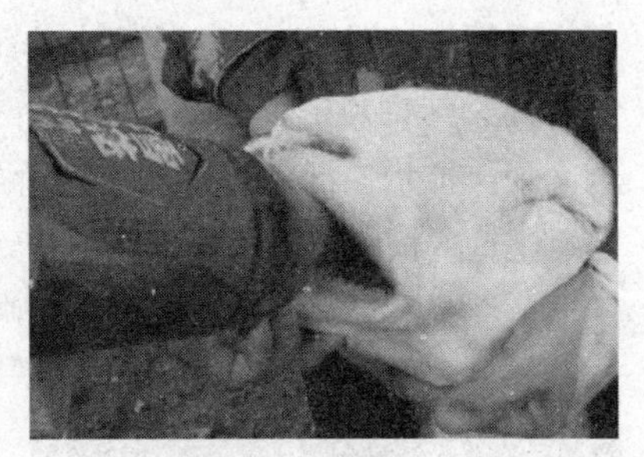

图 3–13　长颈瓶给药

4. 药板给药法

专用于给羊服用舔剂。舔剂不流动，在口腔中不会向咽部滑动，因而不致发生误咽。给药时，用竹制或木制的药板。给药者站在羊的右侧，左手将开口器放入羊口中，右手持药板，用药板前部刮取药物，从右口角伸入口内到达舌根部，将药板翻转，轻轻按压，并向后抽出，把药抹在舌根部，待羊下咽后，再抹第二次，如此反复进行，直到把药给完。

（二）胃管给药法

1. 经鼻腔插入

先将胃管插入鼻孔，沿下鼻道慢慢送入，到达咽部时，有阻挡感觉，待羊进行吞咽动作时趁机送入食道，如不吞咽，可轻轻来回抽动胃管，诱发吞咽。胃管通过咽部后，如进入食道，继续深送会感到稍有阻力，这时要向胃管内用力吹气，如见左侧颈沟有起伏，表示胃管已进入食道。如胃管误入气管，多数羊会表现不安，咳嗽，继续深送，毫无阻力，向胃管吹气，左侧颈沟看不到波动，用手在左侧颈沟胸腔入口处摸不到胃管，同时胃管末端有与呼吸一致的气流出现。此时应将胃管抽出，重新插入。如胃管已入食道，继续深送，即可到达胃内，此时从胃管内排出酸臭气味，将胃管放低时则流出胃内容物。

2. 经口腔插入

先装好木质开口器，用绳固定在羊头部，将胃管通过木质开口器的中间孔，沿上腭直插入咽部，借吞咽动作胃管可顺利进入食道，继续深送，胃管即可到达胃内。胃管插入正确后，即可接上漏斗灌药。药液灌完后，再灌少量清水，然后取掉漏斗，往胃管内吹气，使胃管内残留的液体完全入胃，然后折叠胃管，慢慢抽出。该法适用于灌服大量水剂及有刺激性的药液。患有咽炎、咽喉炎和咳嗽严重的病羊，不可用胃管灌药。

四、药浴

药浴是羊饲养管理上的一项重要工作。为预防和驱除羊体外寄生虫，避免疥癣发生，每年应在羊剪毛后 10 天左右，彻底药浴 1 次。

（一）常用的药浴液

敌百虫（2% 溶液）、速灭杀丁（80~200 毫克 / 升）、溴氰菊酯（50~80 毫克 / 升），也可用石硫合剂（生石灰 7.5 千克、硫黄粉末 12.5 千克，加水 150 千克拌成糊状、煮沸，边煮边拌，煮至浓茶色为止，沥去沉渣，取上清液加温水 500 千克即可）。也可用 50% 的锌硫磷乳油，这是一种新的低毒高效农药，效果很好。配制方法是，100 千克水加 50 克锌硫磷乳油，有效浓度为 0.05%，水温为 25~30℃，洗羊 1~2 分钟。每 50 克乳油可药浴 14 只羊，第 1 次洗过后 1 周，再洗 1 次即可。

（二）药浴方法

1. 盆浴

盆浴的器具可用木桶或水缸等，先按要求配制好浴液（水温在 30℃左右）。药浴时，最好由两人操作，一人抓住羊的两前肢，另一人抓住羊的两后肢，让羊腹部向上。除头部外，将羊体在药液中浸泡 2~3 分钟；然后，将头部急速浸 2~3 次，每次 1~2 秒即可。

2. 池浴

此方法需在特设的药浴池里进行，如图 3-14 所示。最常用的药浴池为水泥建筑的沟形池，进口处为一广场，羊群药浴前集中在这里等候。由广场通过一狭道至浴池，使羊缓缓进入。浴池进口做成斜坡，羊由此滑入，慢慢通过浴池。池深 1 米多，长 10 米，池底宽 30~60 厘米，上宽 60~100 厘米，羊只能通过而不能转身即可。药浴时，人站在浴池两边，用压扶杆控制羊，勿使其漂浮或沉没。羊群浴后应在出口处（出口处为一倾向浴池的斜面）稍作停留，使羊身上流下的药液可回流到池中（图 3-15）。

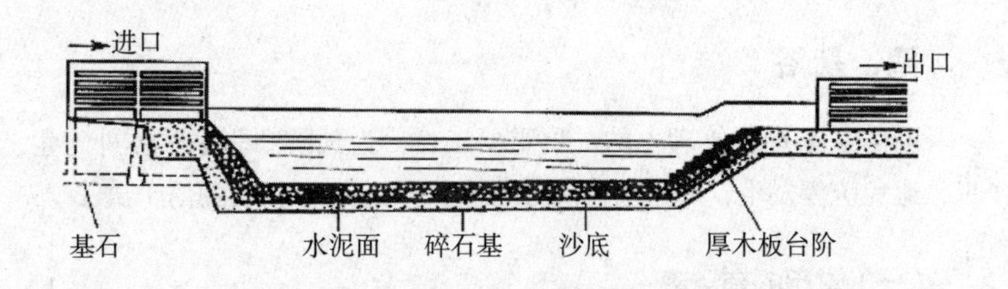

图 3-14　羊药浴池纵剖面

图 3-15　羊只通过药浴池

3. 淋浴

在特设的淋浴场进行，优点是容量大、速度快、比较安全（图 3-16）。淋浴前先清洗好淋浴场，并检查确保机械运转正常即可试淋。淋浴时，把羊群赶入淋浴场，开动水泵喷淋。经 3 分钟左右，全部羊只都淋透全身后关闭水泵。将淋过的羊赶入滤液栏中，经 3~5 分钟后放出。池浴和淋浴适用于有条件的羊场和大的专业户；盆浴则适于养羊少，羊群不大的养羊户使用。

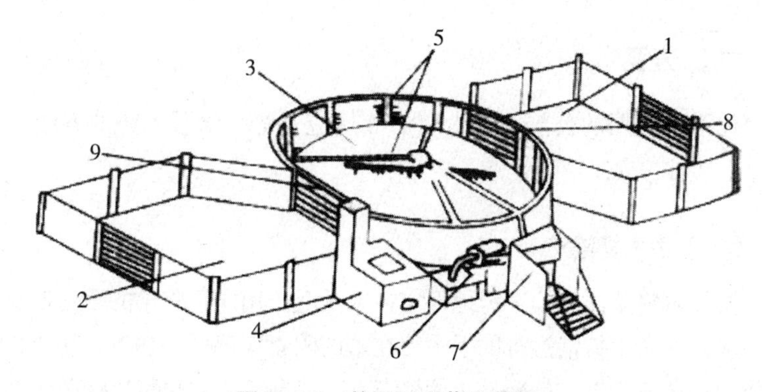

图 3-16　羊淋浴式药浴装置

1—未浴羊栏；2—已浴羊栏；3—药浴淋场；4—炉灶及加热水箱；5—喷头；6—离心式水泵；7—控制台；8—药浴淋场入口；9—药浴淋场出口

五、灌肠

是将药物配成液体，直接灌入直肠内（图 3–17）。羊可用小橡皮管灌。先将直肠内的粪便清除，然后在橡皮管前端涂上凡士林、插入直肠内，把连接橡皮管的盛药容器提高到羊的背部以上。灌肠完毕后，拔出橡皮管，用手压住肛门或拍打尾根部，灌肠的温度，应与体温一致。

图 3–17　直肠给药

六、去势

凡不作种用的公羔在出生后 2~3 周应去势。给羊去势的方法大体有以下 4 种。

（一）手术切除法

操作时将公羔半仰半蹲地保定在木凳上，用左手将羊的睾丸挤到其阴囊底部，右手持消过毒的手术刀在羊的阴囊底部做一切口，切口长度以能挤出睾丸为度，轻轻挤出两侧睾丸，撕断精索。也可以在羊阴囊的侧下方切口，挤出一侧睾丸后将阴囊的纵膈从内部切开，再挤出另一侧睾丸，然后将伤口用碘酊消毒或撒上磺胺粉，让其自愈。

（二）结扎法

先将公羔的睾丸挤到阴囊底部，然后用橡皮筋或细绳将阴囊的上部紧紧扎住，以阻断血液流通。经过 10~15 天，其睾丸及阴囊便自行萎缩脱落。此法简单易行、无出血、无感染。

（三）去势钳法

使用专用的去势钳在公羔的阴囊上部将精索夹断，睾丸便逐渐萎缩。该方法快速有效，但操作者要有一定的经验（图 3–18）。

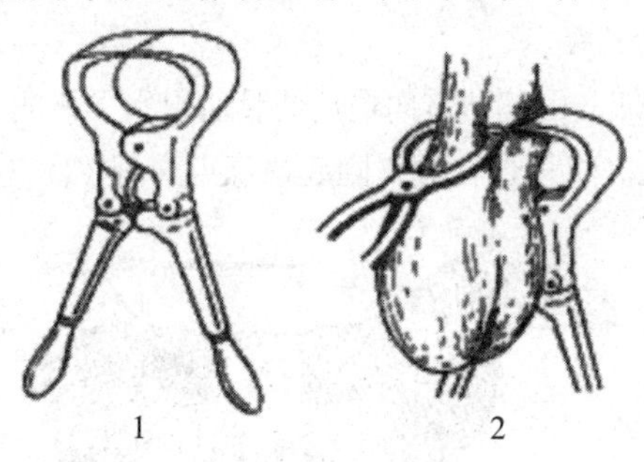

图 3–18　去势钳

（四）药物去势法

操作人员一手将公羔的睾丸挤到阴囊底部，并对其阴囊顶部与睾丸对应处消毒，另一手拿吸有消睾注射液的注射器，从睾丸顶部顺睾丸长径方向平行进针，扎入睾丸实质，针尖抵达睾丸下 1/3 处时慢慢注射。边注射边退针，使药液停留于睾丸中 1/3 处。依同法做另一侧睾丸注射。公羔注射后的睾丸呈膨胀状态，所以切勿挤压，以防药物外溢。药物的注射量为 0.5~1 毫升 / 只，注射时最好用 9 号针头。

七、穿刺

穿刺术是使用特制的穿刺器具（如套管针、肝脏穿刺器、骨髓穿刺器等），刺入病畜体腔、脏器或髓腔内，排除内容物或气体，或注入药液以达到治疗目的。也可通过穿刺采取病畜体某一特定器官或组织的病理材料。提供实验室可检病料，有助于确诊。但是，穿刺术在实施中有损伤组织，并有引起局部感染的可能，故应用时必须慎重。

应用穿刺器具均应严密消毒，干燥备用。在操作中要严格遵守无菌操作和安全措施。才能取得良好的结果。手术动物一般站立保定，必要时，中小动物可行侧卧保定。手术部位剪毛、消毒。

（一）瘤胃穿刺法

瘤胃穿刺用于瘤胃急性臌气时的急救排气和向瘤胃内注入药液。

1. 穿刺部位

在左侧肷窝部，由髋结节向最后肋骨所引水平线的中点，距腰椎横突 10~12 厘米处。也可选在瘤胃隆起最高点穿刺（图 3-19）。

图 3-19　羊瘤胃穿刺法

1—套管针；2—穿刺部位

2. 穿刺方法

羊可用一般静脉注射针头，或用细套管针。术部剪毛消毒。右手持注射针头或套管针向对侧肘头方向迅速刺入 10~12 厘米。左手按压固定针头或套管，拔出内针，用手指不断堵住管口，间歇放气，使瘤胃内的气体间断排出。若套管堵塞，可插入内针疏通。气体排出后，为防止复发，可经针头或套管向瘤胃内注入止酵剂和消沫剂。注完药液插入内针，同时用力压住皮肤，拔出针头或套管针，局部消毒，必要时以碘仿火棉胶封闭穿刺孔。

在紧急情况下，无套管针或注射针头时甲可就地取材（如竹管、鹅翎等）进行穿刺。以挽救病畜生命，然后再采取抗感染措施。

3. 注意事项

放气速度不宜过快，防止发生急性脑贫血，造成虚脱。同时注意观察病畜的表现，根据病情，为了防止臌气继续发展，避免重复穿刺，可将套管针固定，留置一定时间后再拔出；穿刺和放气时，应注意防止针孔局部感染：因放气后期往往伴有泡沫样内容物流出，污染套管口周围并易流进腹腔而继发腹膜炎；经套管注入药液时，注药前一定要确切判定套管仍在瘤胃内后，方能注入。

（二）膀胱穿刺法

当尿道完全阻塞发生尿闭时，为防止膀胱破裂或尿中毒，进行膀胱穿刺排出膀胱内的尿液，进行急救治疗。

1. 穿刺部位

羊在后腹部耻骨前缘，触摸有膨满弹性感。即为术部。

2. 穿刺方法

侧卧保定，将左或右后肢向后牵引转位，充分暴露术部，于耻骨前缘触摸膨满波动最明显处，左手压迫，右手持连有长橡胶管的针头向后下方刺入，并固定好针头，待排完尿液，拔出针头，术部消毒，涂火棉胶。

3. 穿刺注意事项

针刺入膀胱后，应很好地握住针头。防止滑脱。若进行多次穿刺时，易引起腹膜炎和膀胱炎，宜慎重。

（三）胸腔穿刺法

主要用于排出胸腔的积液、血液，或洗涤胸腔及注入药液进行治疗。也可用于检查胸腔有无积液，并采取胸腔积液，从而鉴别其性质，以助于诊断。

1. 穿刺部位

羊在右侧第 6 肋间，左侧第 7 肋间。具体位置在与肩关节引水平线相交点的下方 2~3 厘米处，胸外静脉上方约 2 厘米处。

2. 穿刺方法

准备好套管针或 10~16 号长针头，胸腔洗涤剂（如 0.1% 利凡诺济液、0.1% 高锰酸钾溶液）、生理盐水（加热至体温程度），输液瓶等。左手将术部皮肤稍向上方移动 1~2 厘米，右手持套管针用指头控制于 3~5 厘米处，在靠近肋骨前缘垂直刺入。穿刺肋间肌时有阻力感，当阻力消失而有空虚时，表明已刺入胸腔内，左手把持套管，右手拔去内针，即可流出积液或血液，放液时不宜过急，应用拇指不断堵住套管口，作间断地放出积液，预防胸腔减压过急，影响心肺功能。如针孔堵塞不流时，可用内针疏通，直至放完为止。

有时放完积液之后，需要洗涤胸腔，可将消毒药液装入接有橡胶管的输液瓶，连接输液瓶胶管，高举输液瓶，药液即可流入胸腔，然后将其放出。如此反复冲洗 2~3 次，最后注入治疗性药物。消毒药液量少时也可用注射器进行冲洗。操作完毕，插入内针，拔出套管针，使局部皮肤复位，术部涂碘酊，以碘仿火棉胶封闭穿刺孔。

3. 注意事项

穿刺或排液过程中，应注意防止空气进入胸腔内。排出积液和注入洗涤剂时应缓慢进行，洗涤剂量不能过多，并加温，同时注意观察病畜有无异常表现。穿刺时需注意防止损伤肋间血管与神经。刺入时，应以手指控制套管针的刺入深度，以防过深刺伤心肺。穿刺过程遇有出血时，应充分止血，改变位置再行穿刺。

（四）腹腔穿刺

腹腔穿刺用于排出腹腔的积液和洗涤腹腔及注入药液进行治疗。或采取腹腔积液，以助于胃肠破裂、肠变位、内脏出血、腹膜炎等疾病的鉴别诊断。

1. 穿刺部位

羊在脐与膝关节连线的中点。

2. 穿刺方法

术者蹲下，左手稍移动皮肤。右手控制套管针（或针头）的深度，由下向上垂直刺入 3~4 厘米。其余的操作方法同胸腔穿刺。当洗涤腹腔时，羊在右侧肚窝中央，右手持针头垂直刺入腹腔，连接输液瓶胶管或注射器，注入药液，再由穿刺部排出，如此反复冲洗 2~3 次。

3. 穿刺注意事项

刺入深度不宜过深，以防刺伤肠管。穿刺位置应准确，保定要安全。其他参照胸腔穿刺的注意事项。

八、冲洗

（一）洗眼法

1. 应用

主要用于结膜与角膜炎症和各种眼病治疗。

2. 用具

洗眼用器械：冲洗器、洗眼瓶、胶帽吸管等，也可用 20 毫升注射器代用；常备点眼药或洗眼药：0.1% 盐酸肾上腺素溶液、3.5% 盐酸可卡因溶液、0.5% 阿托品溶液、0.5% 硫酸锌溶液、2%~4% 硼酸溶液、1%~3% 蛋白银溶液、0.01%~0.03% 高锰酸钾溶液及生理盐水等。

3. 方法

柱栏内站立保定好动物，固定头部，用一手拇指与食指翻开上下眼睑，另一手持冲洗器（洗眼瓶、注射器等），使其前端斜向内眼角，徐徐向结膜上灌注药液冲洗眼内分泌物。或用细胶管由鼻孔插入鼻泪管内，从胶管游离端注入洗眼药液，更有利于洗去眼内的分泌物和异物。如冲洗不彻底时，可用硼酸棉球轻拭结膜囊。洗净后，左手拿点眼药瓶，靠在外眼角眶上斜向内眼角，将药液滴入眼内，闭合眼睑，用手轻轻按摩 1~2 次以防药液流出，并促进药液在眼内扩散。如用眼膏时，可用玻璃棒一端蘸眼膏，横放在上下眼睑之间闭合眼睑，抽去玻璃棒，眼膏即可留在眼内，用手轻轻按摩 1~2 次，以防流出。或直接将眼膏挤入结膜囊内。

4. 注意事项

防止动物骚动，点药瓶或洗眼器与病眼不能接触。与眼球不能成垂直方向，以防感染和损伤角膜。点眼药或眼膏应准确点入眼内，防止流出。

（二）口腔冲洗法

口腔冲洗法主要用于口炎、舌及牙齿疾病的治疗，有时也用于冲出口腔的不洁物。

1. 用具

大动物用橡皮管连接漏斗或注射器连接橡胶管，中、小动物可用吸管或不带针头的注射器。冲洗剂可用自来水或收敛剂、低浓度防腐消毒药等。

2. 方法

大动物站立保定，使病畜头部稍低并确实固定。中、小动物侧卧保定，使头部处于低位。术者一手持橡胶管一端（或注射器）从口角伸入口腔，并用手固定在口角上，另一只手将装有冲洗药液的漏斗举起（或推注），药液即可流入口腔进行冲洗。

3. 注意事项

冲洗药液根据需要可稍加温防止过凉。插进口腔内的胶管，不宜过深，以防误咬和咬碎。

（三）导胃与洗胃法

导胃与洗胃法用于瘤胃积食或瘤胃酸中毒时排除胃内容物，以及排除胃内毒物，或吸取胃液供实验室检查等。

1. 用具及药品

导胃用具同胃管给药，但应用较粗胃管。洗胃应用 36~39℃温水，此外根据需要可用 2%~3% 碳酸氢钠溶液、1%~2% 食盐水、0.1% 高锰酸钾溶液等。还应备吸引器。

2. 方法

基本同胃管投药。动物站立或倒卧保定。先用胃管测量到胃内的长度（羊从唇至倒数第二肋骨）并做好标记，装好开口器，固定好头部。从口腔徐徐插入胃管，到胸腔入口及贲门处时阻力较大，应缓慢插入，以免损伤食管黏膜。必要时可灌入少量温水，待贲门弛缓后，再向前推送入胃。胃管前端经交门到达胃内后，阻力突然消失，此时可有酸臭味气体或食糜排出。如不能顺利排出胃内容物时，装上漏斗，每次灌入温水或其他药液 100~2 000 毫升。将头低下，利用虹吸原理，高举漏斗，不待药液流尽，随即放低头部和漏斗、或用抽气筒反复抽吸，以洗出胃内容物。如此反复多次，逐渐排出胃内大部分内容物，直至病情好转为止。冲洗完之后，缓慢抽出胃管，解除保定。

3. 注意事项

操作中要注意安全，使用的胃管要根据动物的大小选定，胃管长度和粗细要适宜。瘤胃积食宜反复灌入大量温水，方能洗出胃内容物。

（四）阴道及子宫冲洗法

阴道及子宫冲洗法用于阴道炎和子宫内膜炎的治疗，主要为了排出阴道或子宫内的炎性分泌物，促进黏膜修复，尽快恢复生殖机能。

1. 用具及药品

子宫洗涤用的输液瓶，洗净消毒。冲洗溶液为微温生理盐水、5%~10% 葡萄糖溶液，0.1% 利凡诺溶液及 0.1% 或 0.5% 高锰酸钾溶液等，还可用抗生素及磺胺类制剂。

2. 方法

充分洗净外阴部，术者手及手臂常规消毒。而后，术者手握输液瓶或漏斗所连接的长胶管。徐徐插入子宫颈口，再缓慢导入子宫内，提高输液瓶或漏斗，药液可通过导管流入子宫内，待输液瓶或漏斗中的冲洗液快流完时，迅速把输液瓶或漏斗放低，借虹吸作用使子宫内液体自行排出。如此反复冲洗 2~3 次，直至流出的液体与注入的液体颜色基本一致为止。

阴道的冲洗，把导管的一端插入阴道内，提高漏斗，冲洗液即可流入，借病畜努责冲洗液可自行排出，如此反复洗至冲洗液透明为止。阴道或子宫冲洗后，可放入抗生素或其他抗菌消炎药物。

3. 注意事项

操作认真，防止粗暴，特别是插入导管时更需谨慎，预防子宫壁穿孔；严格遵守消毒规则。子宫积脓或子宫积水的病例，应先将子宫内积液排出之后，再进行冲洗。不得应用强刺激性或腐蚀性的药液冲洗。注入子宫内的冲洗药液，尽量充分排出，必要时可按压腹壁促使排出，以防子宫积液。

（五）尿道及膀胱冲洗法

尿道及膀胱冲洗法用于尿道炎及膀胱炎的治疗，或采尿液供化验诊断。本法对于母畜较易操作，对公畜操作难度较大。

1. 用具及药品

根据动物种类、性别备用不同类型的导尿管。用前将导尿管放在0.1%高锰酸钾溶液温水中浸泡5~10分钟，前端蘸液体石蜡。冲洗药液宜选择刺激或腐蚀性小的消毒、收敛剂。常用的有生理盐水、2%硼酸溶液、0.1%~0.5%高锰酸钾溶液、1%~2%石炭酸溶液或0.1%~0.2%利凡诺溶液等。此外，也常用抗生素及磺胺制剂的溶液（冲洗药液的温度要与体温相等）。备好注射器与洗涤器。术者的手、病畜的外阴部及公畜阴茎、尿道口要清洗消毒。

2. 方法

（1）母羊膀胱冲洗　羊侧卧保定，助手将尾巴拉向一侧或吊起。术者将导尿管握于掌心，前端与食指同长，呈圆锥形伸入阴道，先用手指触摸尿道口，轻轻刺激或扩张尿道口，伺机插入导尿管，徐徐推进，当进入膀胱后，则无阻力尿液自然流出。排完尿后，导尿管另一端连接洗涤器或注射器，注入冲洗药液，反复冲洗，直至排出药液透明为止。最后将膀胱内药液排净。当触摸识别尿道口有困难，可用开膣器开张阴道，即可看到阴道腹侧的尿道口。

（2）公羊膀胱冲洗　用速眠新麻醉病羊后仰卧于操作台上保定。挤压病羊包皮，使龟头暴露在外，用消毒纱布包住龟头，用0.1%新洁尔灭洗尿道外口，用医用专用导尿管，直径约为1.5毫米，从尿道口缓缓插入，插入至“S”状弯曲部前缘时常发生困难，可用手指隔着皮肤向深部压迫，迫使导尿管末端进入膀胱，一旦进入膀胱内，尿液即从导尿管流出。冲洗方法与母畜相同，导尿或冲洗完之后，还可注入治疗药液，而后除去导尿管。

3. 注意事项

插入时，导尿管前端宜涂润滑剂，以防损伤尿道黏膜，防止粗暴操作，以免损伤尿道黏膜或造成膀胱壁的穿孔。

第二节　羊场常用药物的合理使用

一、常用药物的分类与保存

（一）常用药物的分类

1. 抗微生物药

青霉素、红霉素、庆大霉素、氟哌酸、氯霉素、环丙沙星等。

2. 驱虫药

盐酸噻咪唑（驱虫净）、丙硫咪唑、敌敌畏、阿维菌素等。

3. 作用于消化系统的药物

健胃药、促反刍药及止酵药，如马钱子酊、胃蛋白酶、干酵母、鱼石脂等；泻药、止泻药及解痉药，如硫酸钠、硫酸镁、液体石蜡、活性炭等。

4. 作用于呼吸系统的药物

氯化铵、咳必清、复方甘草片、氨茶碱等。

5. 作用于泌尿、生殖系统的药物

利尿酸、乌洛托品、绒毛膜促性腺激素、黄体酮、催产素等。

6. 作用于心血管系统的药物

安络血、仙鹤草素等。

7. 镇静与麻醉药

盐酸氯丙嗪、乙醇、静松灵、盐酸普鲁卡因等。

8. 解热镇痛抗风湿药

氨基比林、安痛定、安乃近等。

9. 体液补充剂

葡萄糖、氯化钠、氯化钙、葡萄糖酸钙、碳酸氢钠等。

10. 解毒药

阿托品、碘解磷定等。

11. 消毒药及外用

碘酊、新洁尔灭、高锰酸钾、鱼石脂、双氧水、龙胆紫、氢氧化钠、碘伏、漂白粉、二氯异氰尿酸钠等。

（二）保存

保存药物应定期检查，防止过期、失效，阅读药品说明书，按所要求贮存方法分类保存，不宜与其他杂物混放。

① 对于因湿而易变性，易受潮，易风化，易挥发，易氧化及吸收二氧化碳而变质的药物需用玻璃瓶密闭贮存。

② 易因受热而变质，易燃、易爆、易挥发等药物，需 2~15℃低温保存。

③ 见光易发生变化或导致药效降低的，需避光容器内贮存。

④ 分门别类，做好标记。原包装完好的药物，可以原封不动地保存，散装药应按类分开，并贴上醒目的标签，标清有效日期、名称、用法、用量及失效期。内服药与外用药宜严格分开。

⑤ 定期更换淘汰。每年定期对备用药进行检查。例如维生素 C 存放一年药效可降低一半，中药丸剂容易发霉生虫，最多存放 2 年，其他药物参照生产日期查对处理。

二、药物的制剂、剂型与剂量

剂型是根据医疗、预防等的需要，将兽药加工制成具有一定规格，一定形状而有效成分不变，以便于使用、运输和贮存的形式。

兽药的剂型种类繁多，常用的分类方法如下。

（一）按兽药形态分类

1. 液态剂型

（1）溶液剂　是一种透明的可供内服或外用的溶液，一般是由两种或两种以上成分所组成，其中包括溶质和溶媒。溶质多为不挥发的化学药品，溶媒多为水，但也有醇溶液或油溶液等。内服药如鱼肝油溶液，外用消毒药如新洁尔灭溶液等。

（2）注射剂　注射剂也称针剂，是指灌封于特制容器中的灭菌的澄明液、混悬液、乳浊液或粉末（粉针剂，临用时加注射用水等溶媒配制），必须用注射法给药的一种剂型。如果密封于安瓿瓶中，称为安瓿剂。如青霉素粉针，庆大霉素注射液等。

（3）酊剂　是指将化学药品溶解于不同浓度的酒精或药物用不同浓度的酒精浸出的澄明液体剂型，如碘酊等。

（4）煎剂或浸剂　都是药材（生药）的水性浸出制剂。煎剂是将药材加水煎煮一定时间后的滤液；浸剂是用沸水、温水或冷水将药材浸泡一定时间后滤过而制得的液体剂型。如板蓝根煎剂。

（5）乳剂　是指两种以上不相混合的液体（油和水），加入乳化剂后制成的乳状混浊液，可供内服、外用或注射。

2. 半固体剂型

（1）浸膏剂　是药材的浸出液经浓缩除去溶媒的膏状或粉状的半固体或固体剂型。除有特殊规定外，浸膏剂每克相当于原药材 2~5 克。如酵母浸膏等。

（2）软膏剂　是将药物加赋形剂（或称基质），均匀混合而制成的易于外用涂布的一种半固体剂型。供眼科用的软膏又叫眼膏。如盐酸四环素软膏等。

（3）固体剂型

① 粉剂是一种干燥粉末剂型，由一种或一种以上的药物经粉碎、过筛、均匀混合而制成的固体剂型。可供内服或外用。

② 可溶性粉剂是由一种或几种药物与助溶剂、助悬剂等辅助药组成的可溶性粉末。多作为饲料添加剂型，投入饮水中使药物均匀分散。

③ 预混剂是指一种或几种药物与适宜的基质（如碳酸钙、麸皮、玉米粉等）均匀混合制成供添加于饲料的药物添加剂。将它掺入饲料中充分混合，可达到使药物微量成分均匀分散的目的。如土霉素预混剂等。

④ 片剂是将粉剂加适当赋形剂后，制成颗粒经压片机加压制成的圆片状剂型。

⑤ 胶囊剂是将药粉或药液密封入胶囊中制成的一种剂型，其优点是可避免药物的刺激性或不良气味。如氯霉素胶囊。

⑥ 微型胶囊简称微囊，系利用天然的或合成的高分子材料（通称囊材），将固体或液体药物（通称囊芯物）包裹成直径1~5 000微米的微小胶囊。药物的微囊可根据临床需要制成散剂、胶囊剂、片剂、注射剂以及软膏剂等各种剂型的制剂。药物制成微囊后，具有提高药物稳定性、延长药物疗效、掩盖不良气味、降低在消化道的副作用、减少复方的配伍禁忌等优点。用微囊做原料制成的各种剂型的制剂，应符合该剂型的制剂规定与要求。如维生素A微囊剂。

（4）气体剂型　是指某些液体药物稀释后或固体药物干粉利用雾化器喷出形成微粒状的制剂。可供皮肤和腔道等局部使用，或由呼吸道吸入后发挥全身作用。

（二）按分散系统分类

1. 真溶液类液体剂型

是指由分散相和分散介质组成的液态分散系统剂型，其直径小于1纳米，如溶液剂、糖浆剂、甘油剂等。

2. 胶体溶液类液体剂型

是指均匀地液体分散系统药剂，其分散相质点直径在1~100纳米，如胶浆剂。

3. 混悬液类液体剂型

是指固态分散相和液体分散介质组成的不均匀的分散系统药剂，其分散相质点一般在0.1~100微米，如混悬剂。

4. 乳浊液类液体剂型

是指液体分散相和液体分散介质不均匀的分散系统药剂，其分散相质点直径在 0.1~50 微米，如乳剂等。

（三）按给药途径分类

1. 肠道给药剂型

如片剂、散剂、胶囊剂，栓剂等

2. 不经肠道给药剂型

如注射剂、软膏剂、口含片，滴眼剂，气雾剂等。

在选定药物以后，制剂的选择就是一个重要问题。同一药物，相同剂量，所用的制剂不同，其吸收程度也不同。有时，甚至同一制剂，但生产的工艺不同，其吸收程度和速度也不尽相同。因此，应根据疾病的轻重缓急慎重选择药物的剂型。

剂量是指药物产生治疗作用所需的用量。在一定范围内，剂量愈大，体内药物浓度越高，作用也愈强；剂量愈小，作用就越弱。但如果浓度过大，超过一定限度，就会出现不良反应，甚至中毒。因此，为了既经济又有效地发挥药物的作用，达到用药目的，避免不良反应，应充分了解并严格掌握各种药物的剂量。

药物剂量的计量单位，一般固体药物用重量表示。按照 1984 年国务院关于在我国统一实行法定计量单位的命令，一般采用法定计量单位。如克、毫克、升、毫升等。对于固体和半固体药物用克、毫克表示；液体药物用升和毫升表示。常用计量单位的换算关系如下。

1 千克 =1 000 克，1 克 =1 000 毫克，1 升 =1 000 毫升，1 毫升 =1 000 微升

一些抗生素和维生素，如青霉素、庆大霉素、维生素 A、维生素 D 等药物多用国际单位来表示，英文缩写为 IU。

三、药物的治疗作用和不良反应

用药的目的在于防治疾病。凡符合用药目的，能达到防治效果的作用叫治疗作用。不符合用药目的，甚至对机体产生损害的效果称为不良反应。在多数情况下，这两种效果会同时出现，这就是药物作用的两重性。在用药中，应尽量发挥药物的治疗作用，避免或减少不良反应。药

物不良反应有副作用、毒性作用和过敏反应等。

（一）副作用

指药物在治疗剂量时出现的与治疗目的无关的作用。如阿托品有松弛平滑肌和抑制腺体分泌的作用，当利用其松弛平滑肌的作用而治疗肠痉挛时，同时出现的唾液腺分泌减少（口腔干燥）即为副作用。

（二）毒性作用

指用药量过大、时间过长而造成对机体的损害作用。毒性作用可在用药不久后发生，称为急性毒性；也可能在长期用药过程中逐渐蓄积后产生，称为慢性毒性。大多数药物都有一定的毒性，当达到一定剂量后，多数动物均可出现相同的中毒症状。故药物的毒性作用大多也是可以预防的。在用药中，以增加剂量来增强药物的作用是有限的，而且也是危险的。此外，有些药物可以致畸胎、致癌，也属药物的毒性作用，必须警惕。

（三）过敏反应

是指少数具有特异体质的动物，在应用治疗量甚至极小量的某种药物时，产生一种与药物作用性质完全不同的反应，称为过敏反应。它与药物剂量的大小无关，而且不同的药物发生的过敏反应大多相似。过敏反应难以预知。轻度的过敏反应，常有发热、呕吐、皮疹、哮喘等症状，可给予苯海拉明、溴化钙等抗过敏药物进行处理。严重的过敏反应，可引起动物发生过敏性休克，应使用肾上腺素或高效糖皮质激素等进行抢救。

（四）继发反应

是在药物治疗作用之后的一种继发反应。是药物发挥治疗作用的不良后果，也称治疗矛盾。如长期应用广谱抗生素时，由于改变了肠道正常菌群，敏感细菌如被消灭，不敏感的细菌如葡萄球菌或真菌则大量繁殖，导致葡萄球菌肠炎或念珠菌病等的继发性感染。

四、药物的选择及用药注意事项

羊病临床合理用药的目的是要达到最理想的疗效和最大安全性。因此药物治疗过程中有其选择原则和注意事项。

（一）药物选择原则

用于预防和治疗疾病的药物，种类很多，各有独特的优点和缺点。临床实践证明，任何一种疾病常有多种药物有效。为了获得最佳疗效，就应根据病情、病因及症状加以选择。选用药物应坚持疗效高，毒性反应低，价廉易得的基本原则。

1. 疗效高

疗效高是选择药物首选考虑的因素。在治疗和预防疾病中，选用药物的基本点是药物的疗效。如具有抗菌作用的药物可有数种，选用时应首选对病原菌最敏感的抗菌药。

2. 毒性反应低

毒性反应低是选择用药考虑的重要因素，多数药物都有不同程度的毒性，有些药物疗效虽好，但毒性反应严重，因此必须放弃，临床上多数选用疗效稍差而毒性作用更低的药物。

3. 价廉易得

价廉易得是兽医人员应高度重视的问题。滥用药物，贪多求全，既会降低疗效，增加毒性或产生耐受性，又会造成畜主经济损失和药品浪费。

（二）合理用药注意事项

在选择用药基本原则指导下，认真制定临床用药方案。临床用药应该注意以下方面。

1. 明确诊断

明确诊断是合理用药的先决条件，选用药物要有明确的临床指征。要根据药物的药理特点，针对病例的具体病症，选用疗效可靠、使用方便、廉价易得的药物制剂。注意避免滥用药物及疗效不确切的药物。

2. 选择最适宜的给药方法

给药方法应根据病情缓急、用药的目的以及药物本身的性质等决定。病情危重或药物局部刺激性强时，宜以静脉注射。油溶剂或混悬剂应严禁用于静脉注射，可用于肌内注射。治疗消化系统疾病的药物多经口投药。局部关节、子宫内膜等炎症可用局部注入给药。

3. 适宜剂量与合理疗程

选择剂量的根据是《兽药典》及《兽医药品规范》。该药典及规范中的剂量适用于多数成年动物，对于老弱、病幼的个体，特别是肝、肾功能不良的个体，应酌情调整剂量。有些药物排泄缓慢，药物半衰期长，在连续应用时，应特别预防蓄积中毒。为此，在经连续治疗一个疗程之后，应停药一定时间，才可以开始下一疗程。疗程可长可短，一般认为，慢性疾病的疗程要长，急性疾病的疗程要短。传染病需在病情控制之后有一定巩固时间，必要时，可用间歇休药再给药的方式进行治疗。

4. 合理配伍用药

临床用药时，多数合并用药。此外，既要考虑药物的协同作用、减轻不良反应，同时还应注意避免药物间的配伍禁忌，尤其应注意避免药理性配伍禁忌。药理性配伍禁忌包括药物疗效互相抵消和毒性的增加，如胃蛋白酶和小苏打片配伍使用，会使胃蛋白酶活性下降。又如氯霉素抑制肝微粒酶对苯妥英钠的灭活，会导致血药浓度增加而毒性加剧。药物理化性配伍禁忌，在临床用药时应认真对待，在两种药物配伍时，由于物理性质的改变，使药物或抑制剂发生变化，既可以使两种药物化学本质的变化而失效，有时还产生有毒的反应，如解磷定与碳酸氢钠注射配伍时，可产生微量氰化物而增加毒性。

第三节　羊群的免疫保护

一、羊传染病发生的主要环节和控制原则

传染病的一个基本特征是能在个体之间直接或间接相互传染，构成

流行。传染病能在羊群中发生、传播和流行，必须具备3个必要环节：传染源、传播途径、易感羊。

（一）传染源

就是受感染的羊，包括已发病的病羊和带菌（毒）的羊，尤其是带菌（毒）的羊，外表无临诊症状且一般不易查出，容易被人们忽视。对已发病的病羊和带菌（毒）的羊，要隔离，积极治疗；如果不治死亡后，要采取焚烧或深埋处理方法，切断传染源；如果治愈，也要继续观察一段时间后，再和其他羊合群。

（二）传播途径

指病原从传染源排出后，经过一定的方式再侵入健康动物经过的途径。传播途径可分为水平传播和垂直传播两类。

水平传播的传播方式可分为直接接触和间接接触传播。直接接触传播是在没有任何外界因素参与下，病羊与健康羊直接接触引起传染，特点是一个接一个发生，有明显连锁性。间接接触传播，即病原体通过媒介如饲料、饮水、土壤、空气等间接地使健康羊发生传染。大多数传染病以间接接触为主要传播方式。

垂直传播即从母体经胎盘、产道将病原体传播到后代。对病羊要早发现、早隔离、早治疗，切断病原体的传播途径，对母畜患有传染病的要及时治疗，对不能治愈的要及时淘汰，防止将病原体传播给后代。

（三）羊的易感性

是指对某种传染病病原体感受性的大小。与病原体的种类和毒力强弱、羊的免疫状态、遗传特性、外界环境、饲养管理等因素有关。给羊注射疫苗、抗病血清，或通过母源抗体使羊变为不易感，都是常采取的措施。

二、免疫保护的原理

免疫是动物体的一种生理功能，动物体依靠这种功能识别“自己”和“非己”成分，从而破坏和排斥进入体内的抗原物质，或本身所产生的损伤细胞和肿瘤细胞等，以维持健康。抵抗微生物、寄生物的感染或其他所不希望的生物侵入的状态。免疫涉及特异性成分和非特异性成分。非特异性成分不需要事先暴露，可以立刻响应，可以有效地防止各种病原体的入侵。特异性免疫是在主体的寿命期内发展起来的，专门针对某个病原体的免疫。

三、疫苗的概念

是指为了预防、控制传染病的发生、流行，用于预防接种的疫苗类预防性生物制品（图 3–20）。生物制品，是指用微生物或其毒素、酶，人或动物的血清、细胞等制备的供预防、诊断和治疗用的制剂。预防接种用的生物制品包括疫苗、菌苗和类毒素。其中，由细菌制成的为菌苗；由病毒、立克次体、螺旋体制成的为疫苗，有时也统称为疫苗。

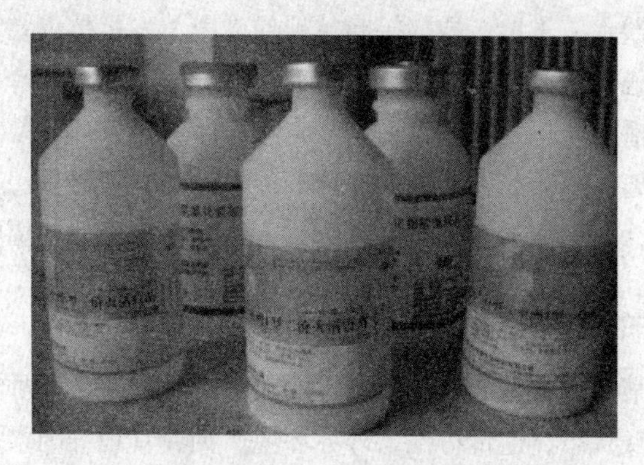

图 3–20　羊常用的疫苗

疫苗是将病原微生物（如细菌、立克次氏体、病毒等）及其代谢产物，经过人工减毒、灭活或利用基因工程等方法制成的用于预防传染病的自动免疫制剂。疫苗保留了病原菌刺激动物体免疫系统的特性。当动物体接触到这种不具伤害力的病原菌后，免疫系统便会产生一定的保护物质，如免疫激素、活性生理物质、特殊抗体等；当动物再次接触到这种病原菌时，动物体的免疫系统便会依循其原有的记忆，制造更多的保护物质来阻止病原菌的伤害。

四、羊常用疫苗的种类和选择

（一）无毒炭疽芽孢苗

预防羊炭疽，绵羊颈部或后腿内皮下注射 0.5 毫升，注射后 14 天产生免疫力，免疫期一年。山羊不能使用。2~15℃干燥冷暗处保存，贮存期 2 年。

（二）第Ⅱ号炭疽芽孢苗

预防羊炭疽，绵羊、山羊均于股内或尾部皮内注射 0.2 毫升或皮下注射 1 毫升，注射后 14 天产生免疫力，绵羊免疫期一年，山羊为 6 个月。0~15℃干燥冷暗处保存，贮存期 2 年。

（三）布氏杆菌病猪型疫苗

预防布氏杆菌病。肌内注射 0.5 毫升（含菌 50 亿）。3 月龄以下羔羊、妊娠母羊、有该病的阳性羊，均不能注射。用饮水免疫法时，用量按每只羊服 200 亿菌体计算，2 天内分 2 次饮用；在饮服疫苗前一般应停止饮水半天，以保证每只羊都能饮用一定量的水。应当用冷的清水稀释疫苗，并迅速饮喂，效果最佳。

（四）羊快疫、猝疽、肠毒血症三联灭活疫苗

羔羊、成年羊均为皮下或肌内注射 5 毫升，注后 14 天产生免疫力，免疫期 6 个月。

（五）羔羊大肠杆菌病灭活疫苗

3 月龄以下羔羊，皮下注射 0.5~1.0 毫升，3 月龄至 1 岁的羊，皮下注射 2 毫升，注后 14 天产生免疫力，免疫期 5 个月。

（六）羊厌气菌氢氧化铝甲醛五联灭活疫苗

预防羊快疫、猝疽、肠毒血症、羔羊痢疾和黑疫。不论年龄大小，均皮下或肌内注射 5 毫升，注后 14 天产生免疫力，免疫期 6 个月。

（七）羊肺炎支原体氢氧化铝灭活疫苗

预防由绵羊肺炎支原体引起的传染性胸膜肺炎。颈部皮下注射，6 月龄以下幼羊 2 毫升，成年羊 3 毫升，免疫期 1 年半以上。

（八）羊痘鸡胚化弱毒疫苗

冻干苗按瓶签上标注的疫苗量，用生理盐水 25 倍稀释，振荡均匀，不论年龄大小，均皮下注射 0.5 毫升，注后 6 天产生免疫力，免疫期 1 年。

（九）山羊痘弱毒疫苗

预防山、绵羊羊痘。皮下注射 0.5~1.0 毫升，免疫期 1 年。

（十）口蹄疫疫苗

疫苗应为乳状液（图 3–21），允许有少量油相析出或乳状液柱分层，疫苗应在 2~8℃下避光保存，严防冻结。口蹄疫疫苗宜肌内注射，绵羊、山羊使用 4 厘米长的 18 号针头。羊使用 O 型口蹄疫灭活疫苗，均为深层肌内注射，免疫期 6 个月。其用量是：羔羊每只 1 毫升，成年羊每头 2 毫升。

图 3–21　口蹄疫疫苗

五、羊场免疫程序的制定

达到一定规模化的羊场，需根据当地传染病流行情况建立一定的免疫程序。各地区可能流行的传染病不止一种，因此，羊场往往需用多种疫苗来预防，也需要根据各种疫苗的免疫特性合理地安排免疫接种的次数和时间。目前对于羊还没有统一的免疫程序，只能在实践中根据实际情况，制定一个合理的免疫程序。表 3-1 是按月份制定的免疫程序。

表 3-1　羊场免疫程序（按月份）

免疫时间	疫苗	免疫对象及方法
3—4 月	羊口蹄疫亚Ⅰ、O 型双价苗	4 月龄以上所有羊只肌内注射 1 毫升，间隔 20 天强化注射 1 次
3—4 月	羊三联四防	全群免疫，每头份用 20% 氢氧化铝胶盐水稀释，所有羊只一律肌内注射 1 毫升
5 月	羊痘冻干苗	全群免疫，用生理盐水 25 倍稀释，所有羊只一律皮下注射 0.5 毫升
9—10 月	羊口蹄疫亚Ⅰ、O 型双价苗	4 月龄以上所有羊只肌内注射 1 毫升，间隔 20 天强化注射 1 次
9—10 月	羊三联四防	全群免疫，每头份用 20% 氢氧化铝胶盐水稀释，所有羊只一律肌内注射 1 毫升。
11 月	羊痘冻干苗	全群免疫，所有羊只一律皮下注射 0.5 毫升

六、羊免疫接种的途径及方法

（一）肌内注射法

适用于接种弱毒或灭活疫苗，注射部位在臀部及两侧颈部，一般用 12 号针头。

（二）皮下注射法

适用于接种弱毒或灭活疫苗，注射部位在股内侧、肘后。用大拇指及食指捏住皮肤，注射时，确保针头插入皮下，为此进针后摆动针头，如感到针头摆动自如，推压注射器推管，药液极易进入皮下，无阻

力感。

（三）皮内注射法

一般适用于羊痘弱毒疫苗等少数疫苗，注射部位在颈外侧和尾部皮肤褶皱壁。左手拇指与食指顺皮肤的皱纹，从两边平行捏起一个皮褶，右手持注射器使针头与注射平面平行刺入。注射药液后在注射部位有一豌豆大小泡，且小泡会随皮肤移动，则证明确实注入皮内。

（四）口服法

是将疫苗均匀地混于饲料或饮水中经口服后获得免疫。免疫前应停饮或停喂半天，以保证饮喂疫苗时每头羊都能饮一定量的水或吃入一定量的饲料。

七、影响羊免疫效果的因素

（一）遗传因素

机体对接种抗原的免疫应答在一定程度上是受遗传控制的，因此，不同品种甚至同一品种的不同个体的动物，对同一种抗原的免疫反应强弱也有差异。

（二）营养状况

维生素、微量元素、氨基酸的缺乏都会使机体的免疫功能下降。例如，维生素 A 缺乏会导致淋巴器官的萎缩，影响淋巴细胞的分化、增殖、受体表达与活化，导致体内的 T 淋巴细胞数量减少，吞噬细胞的吞噬能力下降。

（三）环境因素

环境因素包括动物生长环境的温度、湿度、通风状况、环境卫生及消毒等。如果环境过冷过热、湿度过大、通风不良都会使机体出现不同程度的应激反应，导致机体对抗原的免疫应答能力下降，接种疫苗后不能取得相应的免疫效果，表现为抗体水平低、细胞免疫应答减弱。环境卫生和消毒工作做得好可减少或杜绝强毒感染的机会，使动物安全度过接种疫苗后的诱导期。只有搞好环境，才能减少动物发病的机会，即使抗体水平不高也能得到有效的保护。如果环境差，存有大量的病原，即使抗体水平较高也会存在发病的可能。

（四）疫苗的质量

疫苗质量是免疫成败的关键因素。弱毒疫苗接种后在体内有一个繁殖过程，因而接种的疫苗中必须含有足够量的有活力的病原，否则会影响免疫效果。灭活苗接种后没有繁殖过程，因而必须有足够的抗原量做保证，才能刺激机体产生坚强的免疫力。保存与运输不当会使疫苗质量下降甚至失效。

（五）疫苗的使用

在疫苗的使用过程中，有很多因素会影响免疫效果，例如疫苗的稀释方法、水质、雾粒大小、接种途径、免疫程序等都是影响免疫效果的重要因素。

（六）病原的血清型与变异

有些疾病的病原含有多个血清型，给免疫防治造成困难。如果疫苗毒株（或菌株）的血清型与引起疾病病原的血清型不同，则难以取得良好的预防效果。因而针对多血清型的疾病应考虑使用多价苗。针对一些易变异的病原，疫苗免疫往往不能取得很好的免疫效果。

（七）疾病对免疫的影响

有些疾病可以引起免疫抑制，从而严重影响了疫苗的免疫效果。另外，动物的免疫缺陷病、中毒病等对疫苗的免疫效果都有不同程度的影响。

（八）母源抗体

母源抗体的被动免疫对新生动物是十分重要的，然而对疫苗的接种也带来一定的影响，尤其是弱毒疫苗在免疫动物时，如果动物存在较高水平的母源抗体，会严重影响疫苗的免疫效果。

（九）病原微生物之间的干扰作用

同时免疫两种或多种弱毒疫苗往往会产生干扰现象，给免疫带来一定的影响。

第四节　羊病的综合防制措施

一、做好常规卫生和消毒工作

（一）搞好环境卫生

养羊的环境卫生好坏，与疫病的发生有密切关系。环境污秽，有利于病原体的滋生和疫病的传播。因此，羊舍、羊圈、场地及用具应保持清洁、干燥，每天清除圈舍、场地的粪便及污物，将粪便及污物堆积发酵，30 天左右可作为肥料使用。

羊的饲草应当保持清洁、干燥，不能用发霉的饲草、腐烂的粮食喂羊；饮水也要清洁，不能让羊饮用污水和冰冻水。老鼠、蚊蝇等是病原体的宿主和携带者，能传播多种传染病和寄生虫病，应当清除羊舍周围的杂物、垃圾及乱草堆等，填平死水坑，认真开展杀虫灭鼠工作。

（二）做好消毒工作

消毒是贯彻“预防为主”方针的一项重要措施。其目的是消灭传染源散播于外界环境中的病原微生物，切断传播途径，阻止疫病继续蔓延。羊场应建立切实可行的消毒制度，定期对羊舍（包括用具）、地面土壤、粪便、污水、皮毛等进行消毒。

1. 羊舍消毒

一般先用扫帚清扫并用水冲洗干净后，再用消毒液消毒。用消毒液消毒的操作步骤如下：

（1）消毒液选择与用量　常用的消毒药有10%~20%的石灰乳、10%漂白粉溶液、0.5%~1%菌毒敌（原名农乐，同类产品有农福、农富、菌毒灭等）、0.5%~1%二氯异氰尿酸钠（以此药为主要成分的商品消毒剂有强力消毒灵、灭菌净等）、0.5%过氧乙酸等。消毒液的用量，以羊舍内每平方米用1升药液配制，根据药物用量说明来计算。

（2）消毒方法　将消毒液盛于喷雾器内，喷洒地面（图3–22）、墙壁、天花板，然后再开门窗通风，用清水刷洗饲槽、用具等，将消毒药味除去。如羊舍有密闭条件，可关闭门窗，用福尔马林熏蒸消毒12~24小时，然后开窗24小时。福尔马林的用量是每平方米用12.5~50毫升，加等量水一起加热蒸发。在没有热源的情况下，可加入等量的高锰酸钾（每平方米用7~25克），即可反应产生高热蒸气。

（3）注意事项　羊舍大门要设置消毒池（图3–23），并经常更换新鲜的消毒液（4%氢氧化钠溶液或3%过氧乙酸等）。在一般情况下，羊舍消毒每年可进行两次（春、秋各一次）；也可用2%~4%氢氧化钠消毒或用1∶（1 800~3 000）的百毒杀带羊消毒（图3–24）；产房的消毒，在产羔前进行一次，产羔高峰时进行多次，产羔结束后再进行一次；在病羊舍、隔离舍的出入口处应放置消毒液的麻袋片或草垫。消毒液可用2%~4%氢氧化钠、1%菌毒敌（对病毒性疾病）。

图3–22　喷洒地面消毒

图3–23　厂区大门口设置消毒池

图 3-24　带羊消毒

2. 地面土壤消毒

土壤表面消毒可用含 2.5% 有效氯的漂白粉溶液、4% 福尔马林或 10% 氢氧化钠溶液。停放过芽孢杆菌所致传染病（如炭疽）病羊尸体的场所，应严格加以消毒。首先用上述漂白粉溶液喷洒地面，然后将表层土壤掘起 30 厘米左右，撒上干漂白粉，并与土混合，将此表土妥善运出掩埋。其他传染病所污染的地面土壤，则可先将地面翻一下，深度约 30 厘米，在翻地的同时撒上干漂白粉（用量为 1 米 ^{2} 面积 0.5 千克），然后以水浸湿，压平。如果放牧地区被某种病原体污染，一般利用阳光来消除病原微生物；如果污染的面积不大，则应使用化学消毒药消毒。

3. 粪便消毒

羊的粪便消毒方法有多种，最实用的方法是生物热消毒法，即在距羊场 100~200 米以外的地方设一堆粪场，将羊粪堆积起来，上面覆盖 10 厘米厚的沙土，堆放发酵 30 天左右，即可用作肥料。

4. 污水消毒

最常用的方法是将污水引入污水处理池，加入化学药品（如漂白粉或生石灰）进行消毒。消毒药的用量视污水量而定，一般 1 升污水用 2~5 克漂白粉。

5. 皮毛消毒

患炭疽、口蹄疫、布氏杆菌病、羊痘、坏死杆菌病等的羊皮羊毛均应消毒。应当注意，发生炭疽时，严禁从尸体上剥皮；在贮存的原料中即使只发现 1 张患炭疽病的羊皮，也应将整堆与它接触过的羊皮消毒。皮毛消毒，目前广泛利用环氧乙烷气体消毒法。消毒必须在密闭的专用消毒室或密闭良好的容器（常用聚乙烯或聚氯乙烯薄膜制成的篷布）内进行。此法对细菌、病毒、霉菌均有良好的消毒效果，对皮毛等产品中的炭疽芽孢也有较好的消毒作用。

二、强化引种检疫

检疫就是根据国家和地方政府的规定，应用各种诊断方法，对羊及其产品进行疫病检查，并采取相应的措施，以防疫病的发生和传播。

为了做好检疫工作，必须有一定的检疫手续，以便在羊流通的各个环节中，做到层层检疫，环环紧扣，相互制约，从而杜绝疫病的传播蔓延。羊从生产到出售，要经过出入场检疫、收购检疫、运输检疫和屠宰检疫，涉及对外贸易的还要进行进出口检疫。出入场检疫是所有检疫中最基本、最重要的检疫。从非疫区购入羊只，须经当地兽医部门检疫，并签发检疫合格证明书；运抵目的地后，在经当地兽医验证，检疫并隔离观察 1 个月以上，确认为健康，再经驱虫、消毒、注射疫苗，方可与原有羊混群饲养。羊场采用的饲料和用具，也要从安全地区购入，以防疫病传入。

羊场应按当地疫情，对某些慢性传染病（如结核病、布鲁氏菌病）定期进行必要的检查，及时检出病羊，防止慢性传染病在羊群中不断扩大传播。

三、制定科学合理的免疫规程

免疫接种是预防和控制羊群感染传染病，激发羊体产生特异性抵抗力，使其对某种传染病从易感转化为不易感的一种手段。因此，在时常发生某种传染病的地区，或有某些传染病潜在危险的地区，应有计划地对健康羊群进行免疫接种。各地区、各羊场可能发生的传染病各异，而利用可以预防这些传染病的疫苗来预防不同的羊传染病，这就要根据各种疫苗的种类、免疫次数和间隔的时间来决定。目前在国内还没有一个统一的羊免疫程序，只能在实践中探索，不断总结经验，制定出适合本地羊场具体情况的免疫程序。

（一）疫苗的使用和保存

① 在使用前要逐瓶检查，主要看瓶口有无破损，封口是否严密，内容物是否变色、沉淀，标签是否完整，有效期限，稀释方法，使用方法，标签的头份，以及生产厂家，批准文号等。避免使用伪劣产品。

② 各类疫（菌）苗，都为特定专用，不得混淆交叉使用。

③ 在免疫注射工作中应携带用于脱敏的药物，如肾上腺素注射等。

④ 为防止交叉感染，必须做到一畜一换针头。

（二）免疫对象“三不打”

羊 3 月龄以下不打，妊娠 2 个月以上或产后不足 1.5 个月不打，患病或体弱者不打。

（三）注射剂量和常规免疫程序

① 注射剂量。按疫苗使用说明书执行。

② 常规免疫程序。牲畜产后 45 天首免，以后间隔 6 个月免疫一次，羔羊 3 月龄时首免，以后间隔 6 个月免疫一次。

（四）免疫资料的记录

填写免疫档案，包括个体号、年龄、妊娠月数、免疫时间、疫苗种类、注射剂量、疫苗生产厂家、补针时间、动物出栏时间，畜主签名、防疫员签名等，实施档案管理。

（五）副反应治疗处理

① 副反应表现。副反应也就是所谓的“疫苗应激反应”。最急性副

反应表现为过敏性休克，寒颤发抖、呼吸困难、心动急速、有时鼻孔出泡沫或带血丝，也有个别自行恢复；一般中重度反应表现为高热、食欲减退或废绝、心律不齐或停顿，呼吸急促；轻度反应表现为低热、减食等。

② 副反应处理。轻度反应为疫苗固有反应，一般不需要治疗处理，经过1~2天自然恢复，治疗处理反而干扰免疫效果。过敏性休克的抢救，采取立即肌内注射肾上腺素，大羊3~6毫升，小羊2~4毫升。

（六）免疫接种注意事项

① 严格按照免疫程序进行免疫，并按疫苗使用说明书的注射方法要求，准确的免疫接种。免疫接种人员要组织好保定人员，做到保定切实，注射认真，使免疫工作有条不紊的进行。工作人员要穿好工作服，做好自我防护。

② 免疫接种必须由县乡业务部门审核认定的动物防疫人员（规模场可在动物防疫人员监督下进行免疫）认真执行。动物防疫员在接种前要做好注射器、针头、镊子等器械的洗涤和消毒工作，并备有足够的碘酊棉球、酒精棉球、针头、注射器、稀释液、免疫接种记录本和肾上腺素等抗过敏药物。

③ 免疫接种前应了解畜禽的健康状况，对病畜禽、幼畜禽、临产畜可暂缓注射，做好补针记录。

④ 接种时在保定好畜禽的情况下，确定注射部位，按规程消毒，针头刺入适宜深度，注入足量疫苗，拔出针头后再进行注射部位消毒，轻压注射部位，防止疫苗溢出；若是口服或滴鼻、饮水苗也应按疫苗的使用要求进行，坚决不许“打飞针”。

⑤ 接种时要一畜一换针头，规模场可一圈一换针头，用过的棉球、疫苗空瓶回收，集中无害化处理。

⑥ 免疫接种时间应安排在饲喂前进行；免疫接种后要注意观察，关键是注射后2小时内，如要遇有过敏反应的畜禽立即在30分钟内用肾上腺素、地塞米松等抗过敏药及时脱敏抢救。

四、加强日常饲养管理工作

（一）坚持自繁自养

羊场或养羊专业户在有条件的情况下，应选养本场的良种公羊和母羊，自群繁育，以提高羊的品质和生产性能，增强对疾病的抵抗力，并可减少入场检疫的劳务，防止因引进新羊时带来一些传染性疾病，给羊场造成巨大的损失。

（二）合理组织放牧

牧草是羊的主要饲料，放牧是羊群获得主要营养需要的重要方式。因此，合理组织放牧，与羊的生长发育好坏和生产性能的高低有着十分密切的关系，应根据农区、牧区草场的不同情况，以及羊的品种、年龄、性别的差异，分别编群放牧。为了合理利用草场，减少牧草浪费和羊群感染寄生虫的机会，应推行划区轮牧制度。

（三）适时进行补饲

放牧是羊获得营养的一个重要来源，但当冬季草枯、牧草营养下降或放牧采食不足时，必须进行补饲，特别是对正在发育的幼龄羊，怀孕期、哺乳期的成年母羊的补饲尤其重要。种用公羊仅靠平时放牧，营养需要难以满足，特别是在配种期更需要保证较高的营养水平。因此，种公羊多采取舍饲方式，并按饲养标准喂养。

（四）妥善安排生产环节

科学养羊的主要生产环节是鉴定、配种、产羔和育羔、羊羔断奶和分群，对于产毛的还要进行剪毛，产乳的羊还要进行挤奶。每一个环节的安排，都应尽量在较短时间内完成，以尽可能增加有效放牧时间，如在某个环节影响了放牧，要及时给予适当的补饲。

五、定期驱虫

为了预防羊的寄生虫病，应在发病季节到来之前，用药物给羊群进行预防性驱虫。预防性驱虫的时机，根据寄生虫病季节动态调查确定。

预防性驱虫所用的药物有多种，应视病的流行情况选择应用。丙硫咪唑（丙硫苯咪唑）具有高效、低毒、广谱的优点，对羊常见的胃肠道线虫、肺线虫、肝片吸虫和绦虫均有效，可同时驱除混合感染的多种寄生虫，是较理想的驱虫药物。使用驱虫药时，要求剂量准确，并且要先做小群驱虫试验，取得经验后再进行全群驱虫。驱虫过程中发现病羊，应进行对症治疗，及时解救出现中毒、副作用的羊。

药浴是防治羊体外寄生虫病，特别是羊螨病的有效措施，可在剪毛后 10 天左右进行。药浴液可用 0.1%~0.2% 杀虫脒水溶液、1% 敌百虫水溶液或速灭杀丁 80~200 毫克 / 升、溴氰菊酯 50~80 毫克 / 升。也可用石硫合剂，其配法为生石灰 7.5 千克、硫黄粉末 12.5 千克，用水拌成糊状，加水 150 升，边煮边拌，直至煮沸呈浓茶色为止，弃去下面的沉渣，上清液便是母液。在母液内加 500 升温水，即成药浴液。药浴可在药浴池内进行，或在特设的淋浴场淋浴，也可用人工方法抓羊在大盆（缸）中逐只盆（缸）浴。

实践生产经验证明，应有针对性地选择驱虫药或交叉使用 2~3 种驱虫药或重复使用两次等都会取得较好的驱虫效果。

六、预防中毒

（一）不喂含毒植物的叶、茎、果实、种子

在山区或草原地区，生长有大量的野生植物，是羊良好的天然饲料来源，但有些植物含毒。为了减少或杜绝中毒的发生，要做好有毒植物的鉴定工作，调查有毒植物的分布，不在生长有毒植物的区域内放牧，或实行轮作，铲除毒草。

（二）不喂霉变饲料

要把饲料贮存在干燥通风的地方。饲喂前要仔细检查，如果发霉变质，应舍弃不用。

（三）籽饼经高温处理后可减毒

减毒后再按一定比例同其他饲料混合搭配饲喂，就不会发生中毒。有些饲料如马铃薯，若贮藏不当，其中的有毒物质会大量增加，对羊有害，因此应贮存在避光的地方，防止变青发芽，饲喂时也要同其他饲料按一定比例搭配。

（四）妥善保存农药及化肥

一定要把农药和化肥放在仓库内，由专人负责保管，以免误作饲料，引起中毒。被污染的用具或容器应消毒处理后再使用。对其他有毒药品如灭鼠药等的运输、保管及使用也必须严格，以免羊接触发生中毒事故。

（五）防止水源性毒物

喷洒过农药和施有化肥的农田排水，不应作羊的饮用水；工厂附近排出的水或池塘内的死水，也不宜让羊饮用。

七、药物预防

羊场可能发生的疫病种类很多，其中有些病目前已研制出有效的疫苗，还有不少病尚无疫苗可供使用，有些病虽有疫苗但实际应用还有问题。因此，用药物预防这些疫病也是一项重要措施。药物预防就是指把安全而低廉的药物加入饲料或饮水中进行群体药物预防。常用的药物有磺胺类药物、抗生素类药。磺胺类药物预防量一般占饲料或饮水的比例为0.1%~0.2%，连用5~7天；四环素族抗生素类预防量占饲料或饮水的比例为0.01%~0.03%，连用5~7天。

八、传染病发生时要有紧急处置措施

① 兽医人员要立即向上级部门报告疫情（如口蹄疫、羊痘等烈性传染病），划定疫区，采取严格封锁措施，组织力量尽快扑灭。

② 立即将病羊与健康羊隔离，以防健康羊受到传染。

③ 对于与可疑感染羊（与病羊有过接触，目前未发病的羊），必须单独圈养，观察 20 天以上不发病，才能与健康羊合群。

④ 对已隔离的病羊和其他出现症状的羊，要及时进行药物治疗。

⑤ 工作人员出入隔离场所要遵守消毒制度，其他人员，畜禽不得进入。

⑥ 隔离区内的用具、饲料、粪便等，未经彻底消毒不得运出。

⑦ 没要治疗价值的病羊，在死亡后，要进行焚烧或深埋。

⑧ 对健康羊和疑似羊要进行疫苗紧急接种或进行预防性治疗。

第四章　羊主要传染病的防治

第一节　羊主要细菌病的防治

一、羊炭疽

炭疽病是由炭疽杆菌引起的一种急性、热性、败血性人畜共患传染病，常呈散发性或地方性流行，绵羊最易感染。病羊体内以及排泄物、分泌物中含有大量的炭疽杆菌。健康羊采食了被污染的饲料、饮水或通过皮肤损伤感染了炭疽杆菌，或吸入带有炭疽芽孢的灰尘，均可导致发病。

（一）病原

病原为炭疽杆菌。炭疽杆菌是一种粗而长的革兰氏阳性大杆菌，不运动。分类属芽孢杆菌科、芽孢杆菌属。本菌在形态上具有明显的双重性：在病料内，常单个散在，或几个菌体相连，呈短链条排列，菌体周围绕以肥厚的荚膜，整个菌体宛如竹节状，但不形成芽孢；在人工培养物内或自然界中，菌体呈长链状排列，两边接触端如刀切状，于适宜条件下可形成芽孢，位于菌体中央；芽孢具有很强的抵抗力，在干燥环境中能存活 10 年之久，煮沸需 15~25 分钟才能杀死，临床上常用 20% 漂白粉、0.5% 过氧乙酸和 10% 氢氧化钠作为消毒剂。

（二）诊断要点

（1）流行特点　各种家畜及人对该病都有易感性，羊的易感性高。病羊是主要传染源，濒死病羊体内及其排泄物中常有大量菌体，若尸体处理不当，炭疽杆菌形成芽孢并污染土壤、水、牧地，则可成为长久的疫源地。羊吃了污染的饲料或饮水而感染，也可经呼吸道和由吸血昆虫叮咬而感染。本病多发于夏季，呈散发或地方性流行。

（2）临床症状　多为最急性，突然发病，患羊昏迷，眩晕，摇摆，倒地，呼吸困难，结膜发绀，全身战栗，磨牙，口角流出血色泡沫，肛门流出血液，且不易凝固，数分钟即可死亡。羊病情缓和时，兴奋不安，行走摇摆，呼吸加快，心跳加速，黏膜发绀，后期全身痉挛，天然孔出血，数小时内即可死亡。

（3）病理变化　死后出现尸体迅速腐败而极度膨胀，天然孔流血，血液呈酱油色或煤焦油样，凝固不良，可视黏膜发绀或有点状出血，尸僵不全。对死于炭疽的羊，严禁解剖。

（4）类症鉴别　羊炭疽和羊快疫、羊肠毒血症、羊猝狙、羊黑疫在临床症状上相似，都是突然发病，病程短促，很快死亡，应注意鉴别诊断。其中羊快疫用病羊肝触片，美蓝染色，镜检可发现竹节状链状的腐败梭菌。羊肠毒血症在病羊肾脏等实质器官内可见D型产气荚膜梭菌，在肠内容物中能检出产气荚膜梭菌。羊猝狙用病羊体内渗出液和脾脏抹片，可见C型产气荚膜梭菌，从小肠内容物中能检出产气荚膜梭菌β毒素。羊黑疫用病羊肝坏死灶涂片，可见两端钝圆、粗大的诺维氏梭菌。

（三）防治措施

经常发生炭疽及受威胁地区的易感羊，每年均应作预防接种。山羊和绵羊的炭疽，病程短，常来不及治疗。对病程稍缓和的病羊治疗时，必须在严格隔离条件下进行。可采用特异血清疗法结合药物治疗。病羊皮下或静脉注射抗炭疽血清30~60毫升，必要时于12小时后再注射1次，病初应用效果好。炭疽杆菌对青霉素、土霉素及氯霉素敏感。其中青霉素最为常用，剂量按每千克体重15万单位，每8小时肌内注射1次，直到体温下降后再继续注射2~3天。

有炭疽病例发生时。应及时隔离病羊，对污染的羊舍、用具及地面要彻底消毒，可用10%热氢氧化钠液或20%漂白粉连续消毒3次，间隔1小时。病羊群除去病羊后，全群应用抗菌药3天，有一定预防作用。

二、羊布氏杆菌病

布氏杆菌病是由布氏杆菌引起的人、畜共患的慢性传染病，主要侵害生殖系统。羊感染后，以母羊发生流产和公羊发生睾丸炎为特征。本病分布很广，不仅感染各种家畜，而且易传染给人。

（一）病原

布氏杆菌是革兰氏阴性需氧杆菌，分类上为布氏杆菌属。本属细菌为非抗酸性，无芽孢，无荚膜，无鞭毛，球杆状。组织或渗出液中常集结成团，且可见于细胞内，培养物中多单个排列。布氏杆菌属有6个种，即牛种、羊种、猪种、绵羊种、犬种和沙林鼠种，前5种感染家畜。布氏杆菌在土壤、水中和皮毛上能存活几个月，一般消毒药能很快将其杀死。布氏杆菌对各种物理和化学因子比较敏感。巴氏消毒法可以杀灭该菌，70℃ 10分钟也可杀死，高压消毒瞬间即亡。对寒冷的抵抗力较强，低温下可存活1个月左右。该菌对消毒剂较敏感，2%来苏儿3分钟之内即可杀死。该菌在自然界的生存力受气温、湿度、酸碱度影响较大，pH值为7.0及低温下存活时间较长。

（二）诊断要点

由于发生流产的病因很多，而该病的流行特点，临床症状和病理变化均无明显的特征，同时隐性感染较多，因此，确诊要依靠实验室诊断。

（1）流行特点　母羊较公羊易感性高，性成熟后对本病极为易感。消化道是主要感染途径，也可经配种感染。羊群一旦感染此病，主要表现是孕羊流产，开始仅为少数，以后逐渐增多，严重时可达半数以上，多数病羊流产1次。

（2）临床症状　多数病例为隐性感染。怀孕羊发生流产是本病的主要症状，但不是必有的症状。流产多发生在怀孕后的3~4个月。有时患病羊发生关节炎和滑液囊炎而致跛行，公羊发生睾丸炎（图4-1），少部分病羊发生角膜炎和支气管炎。

图4-1　布氏杆菌病公羊睾丸肿胀

（3）病理变化　病理变化剖检常见胎衣部分或全部呈黄色胶样浸润，其中有部分覆有纤维蛋白和脓液，胎衣增厚，并有出血点。流产胎儿主要为败血症病变，浆膜与黏膜有出血点与出血斑，皮下和肌肉间发生浆液性浸润，脾脏和淋巴结肿大，肝脏中出现坏死灶。公羊发生该病时，可发生化脓性坏死性睾丸炎和附睾炎，睾丸肿大，后期睾丸萎缩，失去配种能力，关节肿胀和不育。

（三）防治措施

1. 本病无治疗价值，一般不予治疗

但对价格昂贵的种羊，可在隔离条件下，用0.1%高锰酸钾溶液冲洗阴道和子宫，必要时用磺胺和抗生素治疗。

2. 预防措施如下

① 最好进行自繁自养，不从疫区引进羊。引进羊时必须严格检疫。

定期进行血清学检查，对阳性羊捕杀淘汰。

②疫区定期进行预防接种。

③发病后的防治措施。用试管凝集反应或平板凝集反应进行羊群检疫，发现呈阳性和可疑反应的羊均应及时隔离，以淘汰屠宰为宜，严禁与假定健康羊接触。

④必须对污染的用具和场所进行彻底消毒。流产胎儿、胎衣、羊水和产道分泌物应深埋。

⑤兽医、病畜管理人员、接羔员、屠宰加工人员，要严守卫生防护制度，特别在产仔季节更要注意。最好在从事这些工作前1个月进行预防接种，且需年年进行。

三、破伤风

破伤风是一种急性中毒性传染病，多发生于新生羔羊，绵羊比山羊多见。其特征为全身或部分肌肉发生痉挛性收缩，表现出强硬状态。本病为散发，没有季节性，必须经创伤才能感染，特别是创面损伤复杂、创道深的创伤更易感染发病。破伤风是由破伤风梭菌经伤口感染引起的急性、中毒性传染病。

（一）病原

病原为破伤风梭菌。破伤风梭菌又称强直梭菌，分类上属芽孢杆菌属，为细长的杆菌，多单个存在，能形成芽孢，位于菌体的一端，似鼓梯状，周鞭毛，能运动，无荚膜。幼龄培养物革兰氏染色阳性，培养48小时后常呈阴性反应。病菌侵入伤口以后，在局部大量繁殖，并产生毒素，危害神经系统。由于本菌为专性厌氧菌，故被土壤、粪便或腐败组织所封闭的伤口，最容易感染和发病。

破伤风梭菌产生破伤风痉挛毒素、溶血毒素及非痉挛性毒素，其中破伤风痉挛毒素引起该病特征性症状和刺激保护性抗体的产生。溶血毒素引起局部组织坏死，为该菌生长繁殖创造条件；静脉注射溶血毒素可引起实验动物溶血死亡。非痉挛毒素对神经末梢有麻痹作用。

破伤风梭菌繁殖体的抵抗力与一般非芽孢菌相似，但芽孢抵抗力甚强，耐热，在土壤中可存活几十年；10% 碘酊、10% 漂白粉及 30% 双氧水能很快将其杀死。本菌对青霉素敏感，磺胺药次之，链霉素无效。

（二）诊断要点

根据病羊的创伤史和比较特殊而明显的临床症状，确诊不难。

（1）流行特点 该病的病原破伤风梭菌在自然界中广泛存在，羊经创伤感染破伤风梭菌后，如果创口内具备缺氧条件，病原在创口内生长繁殖产生毒素，作用于中枢神经系统而发病。常见于外伤、阉割和脐部感染。在临诊上有不少病例往往找不出创伤，这种情况可能是在破伤风潜伏期中创伤已经愈合，也可能是经胃肠黏膜的损伤而感染。该病以散发形式出现。

（2）临床症状 病初症状不明显，以后表现为不能自由卧下或起立，四肢逐渐强直，运步困难，角弓反张，牙关紧闭，流涎，尾直，常发生轻度肠膨胀。突然的音响，可使骨骼肌发生痉挛，致使病羊倒地。发病后期，常因急性胃肠炎而引起腹泻。病死率很高。

（三）防治措施

1. 治疗

可将病羊置于光线较暗的安静处，给予易消化的饲料和充足的饮水。彻底消除伤口内的坏死组织，用 3% 过氧化氢、1% 高锰酸钾或 5%~10% 碘酊进行消毒处理。病初应用破伤风抗毒素 5 万 ~10 万单位肌内或静脉注射，以中和毒素；为了缓解肌肉痉挛，可用氯丙嗪（每千克体重 0.002 克）或 25% 硫酸镁注射液 10~20 毫升肌内注射，并配合应用 5% 碳酸氢钠 100 毫升静脉注射。对长期不能采食的病羊，还应每天补糖、补液，当病羊牙关紧闭时，可用 3% 普鲁卡因 5 毫升和 0.1% 肾上腺素 0.2~0.5 毫升，混合注入咬肌。

2. 预防

（1）预防注射 破伤风类毒素是预防本病的有效生物制剂。羔羊的预防，以母羊妊娠后期注射破伤风类毒素较为适宜。

（2）创伤处理 羊身上任何部分发生创伤时，均应用碘酒或 2% 的红汞严格消毒，并应避免泥土及粪便侵入伤口。对一切手术伤口，包括剪毛伤、断尾伤及去角伤等，均应特别注意消毒。对感染创伤进行有效的防腐消毒处理。彻底排除脓汁、异物、坏死组织及痂皮等，并用消毒药物（3% 过氧化氢、2% 高锰酸钾或 5%~10% 碘酊）消毒创面，并结合青链霉素，在创伤周围注射，以清除破伤风毒素来源。

（3）注射抗破伤风血清　早期应用抗破伤风血清（破伤风抗毒素）。可一次用足量（20 万 ~80 万单位），也可将总用量分 2~3 次注射，皮下、肌内或静脉注射均可；也可一半静脉注射，一半肌内注射。抗破伤风血清在体内可保留 2 周。应注意在发生外伤时立即用碘酊消毒；阉割羊或处理羔羊脐带时，也要严格消毒。

四、羊放线菌病

放线菌病是牛羊和其他家畜及人的一种非接触传染的慢性病。其特征为局部组织增生与化脓，形成放线菌肿。皮下及皮下淋巴结呈现有脓性的结组织肿胀。本病为散发性，很少呈流行性。

（一）病原

病原主要是牛放线菌和林氏放线杆菌，此外还有化脓放线菌（化脓棒状杆菌）和金黄色葡萄球菌。牛放线菌为不规则、无芽孢、革兰氏阴性杆菌，分类上属放线菌属，是一种不运动、不形成芽孢的杆菌，有长成菌丝的倾向。在动物组织中呈现带有辐射状菌丝的颗粒性聚集物——菌体，外观似硫黄样颗粒，其大小如帽大针头，呈灰色、灰黄色或微棕色，质地柔软或坚硬。涂片经革兰氏染色后，其中心菌体为紫色，周围辐射状菌丝为红色。本菌抵抗力微弱，一般消毒剂均可杀死，对青霉素、链霉素、四环素等抗生素敏感。

林氏放线杆菌为革兰氏阴性、兼性厌氧的杆菌，分类上属巴氏杆菌科，放线杆菌属，是一种不运动、形成芽孢和荚膜的多形态的革兰氏阴性杆菌，在动物组织中也形成菌体，无显著的辐射状菌丝。革兰氏染色，中心与周围均呈红色。本菌对外界环境条件抵抗力不强，对链霉素、四环素等抗生素敏感。

（二）诊断要点

（1）流行特点　放线菌病的病原不仅存在于污染的土壤、饲料和饮水中，还寄生于动物口腔、咽部黏膜、扁桃体和皮肤等部位，因此，黏膜或皮肤上只要有破损，便可以感染。该病一般为散发。

（2）临床症状　常见下颌骨肿大，肿胀发展缓慢，最初的症状是下唇和面部的其他部位增厚，经过几个月才在增厚的皮下组织中形成直径达5厘米左右、单个或多数的坚硬结节（图4–2），有时皮肤化脓破溃，形成漏管。病羊不能采食，消瘦，衰弱。舌和咽部感染时，组织肿胀变硬，流涎，咀嚼困难。乳房患病时，是弥漫性肿大或有病灶性硬结。

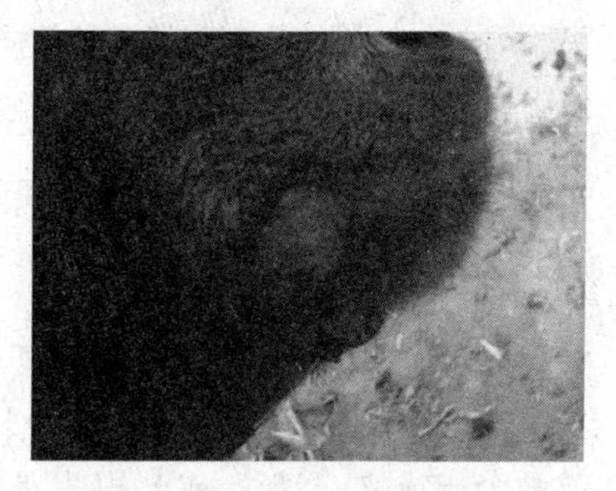

图4–2　羊放线菌口腔坚硬结节

（三）防治措施

1. 治疗

硬结可用外科手术切除，若有漏管形成，要连同漏管彻底切除。切除后的新创腔，用碘酊纱布填塞，1~2天更换1次；伤口周围注射10%碘化钠或2%鲁戈氏液。内服碘化钾，每天1~3克，可连用2~4周；在用药过程中如出现肝中毒现象（脱毛、消瘦和食欲缺乏等），应暂停用药5~6天或减少剂量。抗生素治疗本病也有效，可同时用青霉素和链霉素注射于患部周围，青霉素每千克体重1万~1.5万单位，链霉素每千克体重10毫克，每日2次，连用5日为1个疗程。

2. 预防

① 因为粗硬的饲料可以损伤口腔黏膜，促进放线杆菌的侵入，所以为了预防，必须将稿秆、谷糠或其他粗饲料浸软以后再喂。

② 注意饲料及饮水卫生，避免到低湿地区放牧。

五、羊李氏杆菌病

李氏杆菌病是单核细胞李氏杆菌引起的一种急性或慢性传染病。本病可分为子宫炎型、败血型和脑炎型。在家畜中，绵羊的李氏杆菌病最为常见，并几乎全为脑炎型，各种年龄和性别的绵羊都可患病；败血型间或发生于10日龄以下的羔羊；子宫炎型多发生于怀孕最后两个月的头胎绵羊。山羊的病型与绵羊的相同。也是畜禽、啮齿动物和人共患的传染病，临床特征是病羊神经系统紊乱，表现转圈运动，面部麻痹，孕羊可发生流产。

（一）病原

病原为单核细胞增多症李氏杆菌。单核细胞增多症李氏杆菌分类上属李氏杆菌属，是一种规整革兰氏阳性小杆菌。在涂片中单个存在，或两个排成“V”形，或互相并列，无荚膜，无芽孢，有鞭毛，能运动。可生长温度范围广，4℃中也能缓慢生长，pH值为5.0~9.6均能生长。对食盐耐受性强，对热的耐受性比大多数无芽孢杆菌强，65℃经30~40分钟才能被杀死，一般消毒剂均可灭活。本菌对青霉素有抵抗力，对链霉素和磺胺类药物敏感。家兔、豚鼠、小鼠对本病都易感，注射、滴眼均易引起发病。

（二）诊断要点

（1）流行特点　该病的易感动物范围很广，几乎各种家畜、家禽和野生动物均可通过消化道、呼吸道及损伤的皮肤而感染。通常呈散发性，发病率低，病死率很高。

（2）临床症状　子宫炎型：常伴有流产和胎盘滞留，但子宫内的微生物和炎症很快消失。脑炎型：发生于较大的动物，主要症状为头颈一侧性麻痹，故弯向对侧；转圈运动，不能强使改变；有的角弓反张，卧地，昏迷等。

（3）病理变化　子宫炎型：胎儿死亡和流产是因为微生物侵入胎盘，进而侵入胎儿引起败血症所致。胎盘病变显著，绒毛上皮坏死，顶端附有内含细菌的脓性渗出物。在子宫内早期死亡的胎儿，自溶常掩盖了轻微的败血性病变，如胃肠黏膜充血，气管黏膜、心外膜和淋巴结出血，卡他性肺炎以及肝和脾等的变性和坏死灶。在子宫内后期死亡和流产的胎儿，由于病变已充分发展，不易为自溶所掩盖，故常在肝脏、有时在脾脏和肺脏可见到粟粒性坏死灶。脑炎型：剖检一般没有特殊的肉眼可见病变。有神经症状的病羊，脑及脑膜充血、水肿，脑脊液增多，稍浑浊。

（4）类症鉴别　该病应与具有神经症状的疾病相区别，如羊的脑包虫病。患脑包虫病的病羊仅有转圈或斜着走等症状，病的发展缓慢，不传染给其他羊。另外，应与有流产症状的其他疾病进行鉴别（主要靠实验室检查）。

（三）防治措施

早期大剂量应用磺胺类药物，或与抗生素并用，有良好的治疗效果。用20%磺胺嘧啶5~10毫升，青霉素按每千克体重10万~15万单位，庆大霉素每千克体重1 000~1 500单位，均肌内注射，每日2次。病羊有神经症状时，可对症治疗。预防本病平时应注意清洁卫生和饲养管理，消灭老鼠，防止疫病传播；发病地区应将病畜隔离治疗，病羊尸体要深埋，并用5%来苏儿对污染场地进行消毒。

严格防疫制度。不从有病地区引入羊、牛或其他家畜。驱除鼠类和其他啮齿动物。由于本病可感染人，故畜牧兽医人员应注意保护。

六、羊坏死杆菌病

坏死杆菌病是由坏死杆菌引起的畜禽共患慢性传染病，以蹄部、皮下组织或消化道黏膜的坏死为特征。有时转移到内脏器官，如肝、肺形成坏死灶，有时引起口腔、乳房坏死。

（一）病原

病原为坏死梭杆菌。坏死梭杆菌为革兰氏阴性、严格厌氧的细菌，分类上属梭杆菌科、梭形杆菌属。具有明显的多形性，小者呈球杆状，大者为长丝状，且多见于病灶及幼龄培养物中，染色时因着色不匀，犹如串珠状。本菌无鞭毛，无芽孢，也不产生荚膜。该菌至少可产生两种毒素，其外毒素皮下注射（兔）可引起组织水肿，静脉注射则数小时内死亡；内毒素皮下或皮内注射可致组织坏死。

坏死梭杆菌对理化因素抵抗力不强，对热及常用消毒剂敏感，但在污染的土壤中能长时间存活。在空气中干燥，经 72 小时死亡，日光直射 8~10 小时可被杀死，1% 福尔马林、1% 高锰酸钾、4% 醋酸（或食醋）等均可杀死本菌。除坏死梭杆菌外，结状拟杆菌、化脓放线菌、葡萄球菌等常起协同致病作用。

（二）诊断要点

根据流行情况和临床症状，基本上可以确诊。

（1）流行特点　坏死梭杆菌在自然界分布很广。动物的粪便、死水坑、沼泽和土壤中均有分布，通过损伤的皮肤和黏膜而感染，多见于低洼潮湿地区和多雨季节，是散发性或地方性流行。

病羊初期跛行

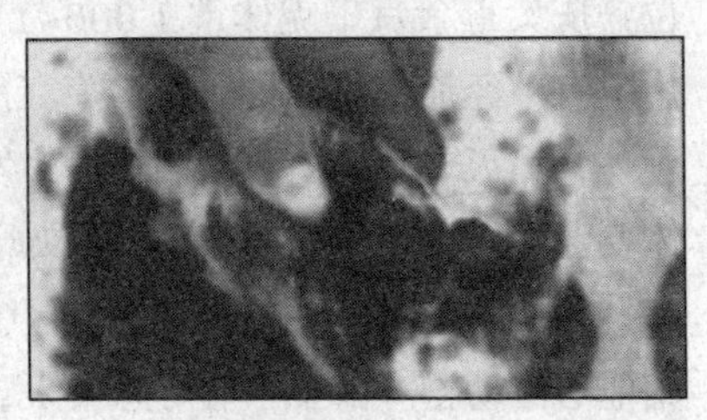

蹄底发黑、坏死

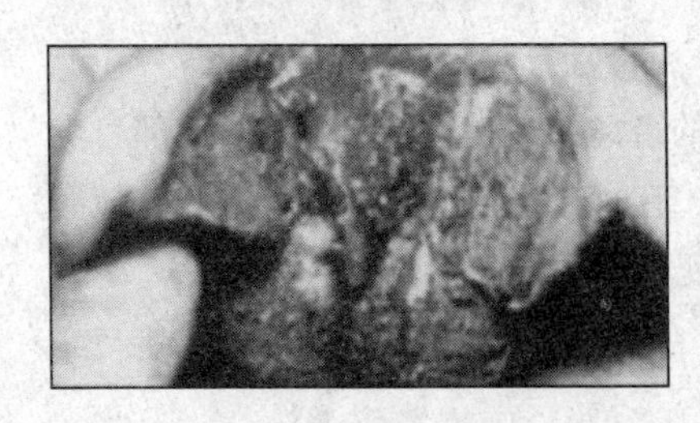

蹄底部变黑、坏死

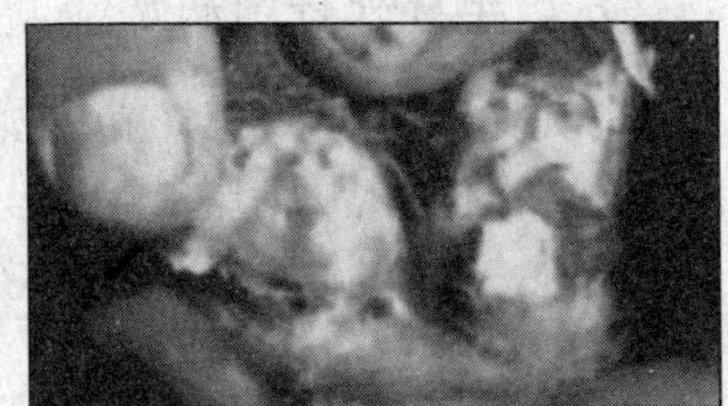

蹄坏死脱落

图 4-3　羊坏死杆菌蹄部病变

（2）临床症状 绵羊患坏死杆菌病多于山羊，常侵害蹄部，引起腐蹄病（图 4–3）。初呈跛行，多为一肢患病，蹄间隙、蹄和蹄冠开始红肿、热病，而后溃烂，挤压肿烂部有发臭的脓样液体流出。随病变发展，可波及健、韧带和关节，有时蹄匣脱落。绵羊羔可发生唇疮，在鼻、唇、眼部甚至口腔发生结节和水泡，随后成棕色痂块。病菌侵入部位发生局部坏死及脓肿形成，或是许多小脓肿，或是单一的大脓肿和大疱。还可发生紫癜或红斑等非特异性皮疹。当病菌经血流播散，则可引起败血症、脓毒血症和转移性脓肿，此种全身性感染如不及时治疗，死亡率可在 60% 以上。

（三）防治措施

保持畜舍干燥，避免皮肤黏膜损伤，发现外伤及时处理。放牧应选择高燥地区，避免到潮湿或污染的地区放牧。及时清洗伤口，用药后包扎。

防治时主要采取以下措施。

① 平时要保持羊舍及放牧场地的干燥，避免造成蹄部、皮肤和黏膜的外伤，一旦出现外伤应及时消毒。

② 除蹄部的坏死组织，用 1% 高锰酸钾或 3% 来苏儿冲洗，也可用 10% 硫酸铜溶液进行温脚浴，然后用碘酊或龙胆紫涂擦。

③ 对坏死性口炎，用 1% 高锰酸钾冲洗，涂碘甘油或龙胆紫。

④ 对内脏转移坏死灶，可用抗生素结合强心、利尿、补液等药物进行治疗。

七、山羊伪结核病

山羊伪结核病是由伪结核棒状杆菌感染所引起的一种接触性、慢性传染病，其特征为局部淋巴结发生干酪样坏死，有时在肺、肝、脾和子宫角等处发生大小不等的结节，内含淡黄、绿色干酪样物质。

（一）病原

伪结核棒状杆菌为不规则、无芽孢革兰氏阳性杆菌，分类上属棒状杆菌属。具有多形性，呈球状、杆状，偶见丝状；在脓汁中多形性更明显，在新鲜脓汁中杆状占优势，而在陈旧脓汁中则以球状占优势。在培养物中则是较一致的球杆状，排列多成丛状，无鞭毛和荚膜，美蓝染色着色不匀，非抗酸性。本菌对干燥有抵抗力，在自然环境中能存活很长时间，对热及多种消毒剂敏感。

（二）诊断要点

（1）流行特点　伪结核棒状杆菌存在于土壤、肥料、肠道内和皮肤上，经创伤感染。

（2）临床症状　核病在羔羊中少见，随羊龄增长，发病增多。感染初期，局部发生炎症，后波及邻近淋巴结，淋巴结慢慢增大和化脓，脓初稀，渐变为牙膏样或干酪样。病羊一般没有明显症状，屠宰时才被发现。如体内淋巴结和内脏受波及时，则病羊逐渐消瘦、衰弱，呼吸加快，时有咳嗽，最后陷于恶病质而死亡。该病在头部和颈部淋巴结发生较多，肩前、股前和乳房等淋巴结次之。

（3）病理变化　剖检见尸体消瘦，被毛粗乱、干燥，体表淋巴结肿大，内含干酪样坏死物；在肺、肝、脾、肾和子宫角等处有大小不一、数量不等的脓肿。

（三）防治措施

伪结核棒状杆菌对青霉素高度敏感，但因脓肿有厚包囊，疗效不好。据报道，早期用 0 .5% 黄连素 10 毫升静脉注射有效，如与青霉素并用，可提高疗效。对脓肿按一般外科常规连同包膜一并摘除。平时预防须做好皮肤和环境的清洁卫生工作，皮肤破伤应注意及时处理，发现病畜应及时隔离治疗。

八、羊土拉杆菌病

羊土拉弗氏菌病，是一种细菌性人畜共患疾病，本病发生于所有品种、性别和年龄的绵羊，但以哺乳羔羊和周岁母羊更为易感。山羊亦易感，人也可以受到感染。是羔羊的一种急性败血性疾病，病羊有发热、肌肉僵硬等症，危害人们的生产生活。

（一）病原

病原为土拉弗朗西斯氏菌。土拉弗朗西斯氏菌是弗朗西斯菌属的代表种，是一种多形态的细菌。它是一种多形的、不运动、不形成芽孢、有荚膜的需氧菌，革兰氏染色阴性，长为1~3微米，宽0.2~1微米，本菌对热和常用消毒剂均敏感，但在水、土，肉和毛皮中可存活数十天，在干粪里可生活25~30天，在尸体里可存活100天以上，在-14℃于甘油里保存的感染组织中可存活数年之久。但58℃ 10分钟及1%三甲酚2分钟即可将其杀死。细菌对链霉素四环素等抗生素均敏感。在患病动物的血液内近似球形，在培养物中则有球状至丝状等形态。本菌难于培养，常用葡萄糖—脱氨酸琼脂、血液肌氨酸琼脂培养，初次分离常需2天以上才能形成透明灰白色、带黏性的小菌落。实验动物中，小鼠、豚鼠、家兔等都易感，任何途径接种都可感染，多于8~15天发生败血症死亡。

（二）诊断要点

（1）流行特点　易感动物种类很多，人也可感染。野兔和野生啮齿动物是主要传染源，通过蜂、蚊和虻等吸血昆虫传播；污染的饲料和饮水等也是传播媒介。

（2）临床症状　病后体温高达40.5~41.0℃，精神委顿，步态僵硬、不稳，后肢软弱或瘫痪。体表淋巴结肿大，2~3天后体温恢复正常，但之后又常回升。一般8~15天痊愈。妊娠母羊发生流产、死胎或难产，羔羊发病较重，除上述症状外，见有腹泻，有的兴奋不安，有的呈昏睡状态，不久死亡，病死率很高。山羊较少患病，症状与绵羊相似。

（3）病理变化　尸体可见表面寄生着许多蜱，组织贫血明显，在皮下和浆膜下分布着许多出血点，在蜱侵袭部位及其附近尤为显著。淋巴结肿大，有坏死和化脓灶。肝、脾可能肿大。在一些羔羊中，肺脏的尖叶与心叶可能有肺炎病变。

（三）防治措施

本病治疗以链霉素最为有效，其次是土霉素、金霉素，每日 2 次，肌内注射，连用 5~7 日。用量是：链霉素按每千克体重 10 毫克，土霉素和金霉素按每千克体重 5~10 毫克。当大量已感染的蜱活动时，使羊群离开有蜱的放牧场或过路的草场，以避免土拉菌病的感染。为了防止蜱对羊群的侵袭，可用灭蜱药物进行全群药浴；病死羊及鼠类尸体要深埋，以免污染环境。由于人类对土拉杆菌病有易感性，放牧人和看护者应避免剖开死羊。病死羊的尸体以及各种啮齿动物的尸体要深埋，以免污染环境

九、羔羊大肠杆菌病

羔羊大肠杆菌病是由致病性大肠杆菌所引起的一种幼羔急性、致死性传染病。临床上表现为腹泻和败血症。

（一）病原

大肠杆菌是革兰氏阴性、中等大小的杆菌。分类上属肠杆菌科，埃希氏菌属。无芽孢，具有周鞭毛，对碳水化合物发酵能力强。本菌对外界不利因素的抵抗力不强，60℃ 15 分钟即死亡，一般常用消毒剂均易将其杀死。

致病性大肠杆菌与动物肠道内正常寄居的非致病性大肠杆菌在形态、染色、培养特性和生化反应等方面没有差别，但抗原结构不同。致病性菌株一般能产生 1 种内毒素和 1~2 种肠毒素。内毒素能耐高热，100 ℃ 30 分钟才被破坏。肠毒素有两种，一种不耐热（LT），有抗原性，分子量大，60℃经 10 分钟被破坏；另一种耐热（ST），无抗原性，分子量小，须 60℃以上和较长时间才能被破坏。

大肠杆菌有菌体抗原（O）、表面抗原（K）和鞭毛抗原（H）3 种主要抗原。另外，许多与腹泻有关的致病菌株带有菌毛抗原（也叫黏着素抗原或定居因子抗原）。根据抗原成分，将致病性大肠杆菌分为许多血清型，引起一种动物发病的大肠杆菌，常为一定的血清型，一个畜群如

不由外地引进同种家畜，其病原性菌株常为一定的1~2种血清型。

（二）诊断要点

依据临床症状、病理变化和流行情况，可作出初步诊断，确诊须进行实验室诊断。

（1）流行特点　多发生于数日至6周龄的羔羊，有些地方3~8月龄的羊也有发生，呈地方性流行，也有散发的。该病的发生与气候不良、营养不足、场地潮湿污秽等有关。放牧季节很少发生，冬春舍饲期间常发。经消化道感染。

（2）临床症状　潜伏期1~2天。分为败血型和下痢型两型。

① 败血型。多发生于2~6周龄羔羊。病羊体温41~42 ℃，精神沉郁，迅速虚脱，有轻微的腹泻或下腹疼，有的带有神经症状，运动失调、磨牙、视力障碍，也有的病例出现关节炎，多在病后4~12小时死亡。

② 下痢型。多发生于2~8日龄新生羔。病初体温略高，出现腹泻后体温下降，粪便呈半液状，带有气泡，有时混有血液。羔羊表现腹痛，虚弱，严重脱水，不能起立，如不及时治疗，可于24~36小时死亡，病死率15%~17%。

（3）病理变化　败血型者剖检胸、腹腔和心包见大量积液，内有纤维素样物；关节肿大，内含混浊液体或脓性絮片；脑膜充血，有许多小出血点。下痢型者为急性胃肠炎变化，胃内乳凝块发酵，肠黏膜充血、水肿和出血，肠内混有血液和气泡，肠系膜淋巴结肿胀，切面多汁或充血。（图4-4）

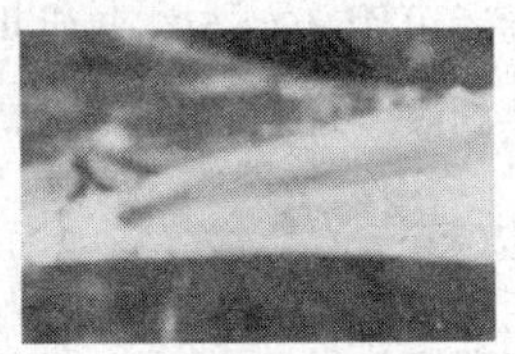
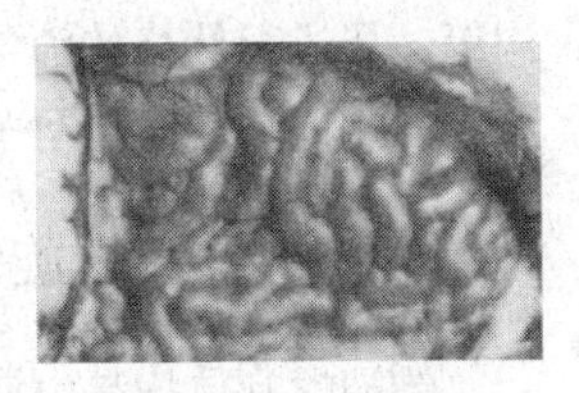

图4-4　羊大肠杆菌病变盲肠炎、直肠炎、肠壁淤血

（4）类症鉴别　B型产气荚膜梭菌也可引起初生羔下痢，应注意区别。在病羔濒死或刚死时，采取内脏和肠内容物作细菌分离培养，如分

离出纯的 B 型产气荚膜梭菌时，具有鉴别诊断意义。

（三）防治措施

1. 治疗

大肠杆菌对土霉素、磺胺类和呋喃类药物都有敏感性，但必须配合护理和其他对症疗法。土霉素按每日每千克体重 20~50 毫克，分 2~3 次口服；或按每日每千克体重 10~20 毫克，分两次肌内注射。20% 磺胺嘧啶 5~10 毫升，肌内注射，每日两次；或口服复方新诺明，每次每千克体重 20~25 毫克，1 日 2 次，连用 3 天。也可使用微生态制剂，如促菌生等，按说明拌料或口服，使用此制剂时，不可与抗菌药物同用。新生羔再加胃蛋白酶 0.2~0.3 克。对心脏衰弱的，皮下注射 25% 安钠咖 0.5~1.0 毫升；对脱水严重的，静脉注射 5% 葡萄糖盐水 20~100 毫升；对有兴奋症状的病羔，用水合氯醛 0.1~0.2 克加水灌肠。

2. 预防

首先要加强怀孕母羊的饲养管理，做好抓膘保膘工作。保证饲料中蛋白质、维生素和矿物质的含量。定期运动，以利于胎儿的发育，提高初乳的生物学价值。做好临产母羊的准备工作，严格遵守临产母羊及新生羔羊的卫生制度。对产房进行消毒，可用 3%~5% 的来苏儿喷洒消毒。其次是加强新生羔羊的饲养管理。搞好新生羔羊的环境卫生，哺乳前用 0.1% 的高锰酸钾水擦拭母羊的乳房、乳头和腹下，让羔羊吃到足够的初乳，做好羔羊的保暖工作。对于缺奶羔羊，一次不要喂饲过量。对有病的羔羊及时进行隔离。对病羔接触过的房舍、地面、墙壁和排水沟等，要进行严格的消毒，可用 3%~5% 来苏儿，也可根据病原的血清型，选用同型菌苗给孕羊和羔羊进行预防注射。

十、羊钩端螺旋体病

钩端螺旋体病是由钩端螺旋体引起的人、畜共患的一种自然疫源性传染病。临床特征为黄疸、血色素尿、黏膜和皮肤坏死、短期发热和迅速衰竭。羊感染后多呈隐性经过。全年均可发病，以夏、秋放牧期间更为多见。

（一）病原

病原为似问号形钩端螺旋体。似问号形钩端螺旋体在分类上属螺旋体目，钩端螺旋体科，钩端螺旋体属。菌体呈细长丝状，具有细致、规则的螺旋，中央有一根轴丝，暗视野检查时，常显细小的珠链状，一端或两端弯曲似是而非钩状，没有鞭毛，可绕长轴旋转和摆动，进行很活泼的运动，因而菌体常显 C，S，O 等多种形状。常用柯索夫培养基和希夫纳培养基培养。钩端螺旋体对外界抵抗力较强，在水田、池塘、沼泽中可以存活数月或更长时间，对该病的传播有重要作用。本菌对酸、碱敏感，加热至 50℃ 10 分钟即可致死，干燥和直射阳光均能使其迅速死亡，一般消毒剂的常用浓度均易杀死此菌。

（二）诊断要点

（1）流行特点　该病的易感动物范围广，包括各种家畜和野生动物，其中鼠类最易感。病畜和带菌动物是传染源，特别是带菌鼠在钩端螺旋体病的传播上起着重要的作用。病原从尿排出后，污染周围的水源和土壤，经皮肤、黏膜和消化道而感染。该病多发于夏、秋季节，气候温暖、潮湿和多雨地区尤为多发。

（2）临床症状　绵羊和山羊钩端螺旋体病的潜伏期为 4~15 天。依照病程不同，可将该病分为最急性、急性、亚急性、慢性和非典型性 5 种。通常均为急性或亚急性，很少呈慢性者。

① 最急性。体温升高到 40~41.5℃，脉搏增加达 90~100 次 / 分钟。呼吸加快，黏膜发黄。尿呈红色，有下痢。经 12~14 小时而死亡。

② 急性。体温高达 40.5~41℃，由于胃肠道弛缓而发生便秘，尿呈暗红色。眼发生结膜炎，流泪。鼻腔流出黏液脓性或脓性分泌物，鼻孔周围的皮肤破裂。病期持续 5~10 天，死亡率达 50%~70%。

③ 亚急性。症状与急性者大体相同，但发展比较缓慢。体温升高后，可迅速降到常温，也可能下降后又重复升高。黄疸及血色素尿很显著。耳部、躯干及乳头部的皮肤发生坏死。胃肠道显著弛缓，因而发生

严重的便秘。虽然可能痊愈，但极为缓慢。死亡率为24%~25%。

④ 慢性。临床症状不显著，只是呈现发热及血尿。病羊食欲减少，精神委顿，由于肠胃道动作弛缓而发生便秘。时间经久，表现十分消瘦。某些病羊可能获得痊愈，病期长达3~5个月。

⑤ 非典型性 急性型所特有的症状不明显，甚至缺乏，疫群内往往有些羊仅仅表现短暂的体温升高。

（3）病理变化 尸体消瘦，可见黏膜湿润，呈深浅不同的黄色。皮下组织水肿而黄染。骨骼软弱而多汁，呈柠檬黄色。胸、腹腔内有黄色液体。肝脏增大，呈黄褐色，质脆弱或柔软。肾脏的病变具有诊断意义；肾剧烈增大，被膜很容易剥离，切面通常湿润，髓质与皮质的界限消失，组织柔软而脆。病期长久时，则肾脏变为坚硬。肺脏黄染，有时水肿，心脏淡红，大多数情况下带有淡黄色。膀胱黏膜出血。脑室中聚积有大量液体。血液稀薄如水，红细胞溶解，在空气中长时间不能凝固。

（三）防治措施

1. 治疗

一般认为链霉素和四环素族抗生素对本病有一定疗效。链霉素按每千克体重15~25毫克，肌内注射，1天2次，连用3~5天；土霉素按每千克体重10~20毫克，肌内注射，每天1次，连用3~5天。如使用青霉素，必须大剂量才有疗效。

2. 预防

① 经常注意环境卫生，做好灭鼠、排水工作。

② 不许将病畜或可疑病畜（钩端螺旋体携带者）运入安全牧场、队。对新进入场的羊只，应隔离检疫30天，必要时进行血清学检查。

③ 饮水为本病传播的主要方式，因此在隔离病羊以后，应将其他假定健康的羊转移到具有新饮水处的安全放牧地区。

④ 彻底清除病羊舍的粪便及污物，用10%~20%生石灰水或2%苛性钠严格消毒。对于饲槽、水桶及其他日常用具，应用开水或热草木灰水处理，将粪便堆集起来，进行生物热消毒。

⑤ 当羊群或牧场发生本病时，应当宣布为疫群或疫场，采取一定的限制措施。在最后一只病羊痊愈后30天，并进行预防消毒的情况下，才可解除限制措施。

⑥ 在常发病地区，应该有计划地进行死菌苗或鸡胚化菌苗或多价浓缩菌苗注射。免疫期可达一年。

十一、绵羊巴氏杆菌病

巴氏杆菌病主要是由多杀性巴氏杆菌所引起的各种家畜、家禽和野生动物的一种传染病，被感染绵羊主要表现为败血症和肺炎。本病分布广泛。主要发生于断奶羔羊，也发生于1岁左右的绵羊，山羊较少见。本病在冬末春初呈散发或地方性流行，应激因素对其发生影响很大。

（一）病原

多杀性巴氏杆菌是两端钝圆、中央微凸的短杆菌，革兰氏阴性。分类上属巴氏杆菌科，巴氏杆菌属。病羊组织涂片、血液涂片经瑞氏染色或美蓝染色，可见菌体两端浓染，是两极着色。病菌一般存在于病羊的血液、内脏器官、淋巴结及病变局部组织和一些外表健康动物的上呼吸道黏膜及扁桃体内。多杀性巴氏杆菌抵抗力不强，对干燥、热和阳光敏感，用一般消毒剂在数分钟内可将其杀死。本菌对链霉素、青霉素、四环素以及磺胺类药物敏感。

（二）诊断要点

（1）流行特点　多种动物对多杀性巴氏杆菌都有易感性。在绵羊多发于幼龄羊和羔羊；山羊不易感染。病羊和健康带菌羊是传染源。病原随分泌物和排泄物排出体外，经呼吸道、消化道及损伤的皮肤而感染。带菌羊在受寒、长途运输、饲养管理不当抵抗力下降时，可发生自体内源性感染。

（2）临床症状　按病程长短可分为最急性、急性和慢性3种。

① 最急性。多见于哺乳羔羊，突然发病，出现寒战，虚弱，呼吸困难等症状，于数分钟至数小时内死亡。

② 急性。精神沉郁，体温升高到41~42℃，咳嗽，鼻孔常有出血，有的混于黏性分泌物中。初期便秘，后期腹泻，有时粪便全部变为血水。病羊常在严重腹泻后虚脱而死，病期2~5天。

③ 慢性。病程可达3周。病羊消瘦，不思饮食，流黏脓性体液，咳嗽，呼吸困难。有时颈部和胸下部发生水肿。有角膜炎，腹泻；临死前极度衰弱，体温下降。

（3）病理变化　剖检一般在皮下有液体浸润和小点状出血，胸腔内有黄色渗出物，肺有淤血、小点状出血和肝样变，偶见有黄豆至胡桃大的化脓灶，胃肠道出血性炎症，其他脏器呈水肿和淤血，且有小点状出血，但脾脏不肿大。病期较长者机体消瘦，皮下胶样浸润，常见纤维性胸膜肺炎，肝有坏死灶（图4–5）。

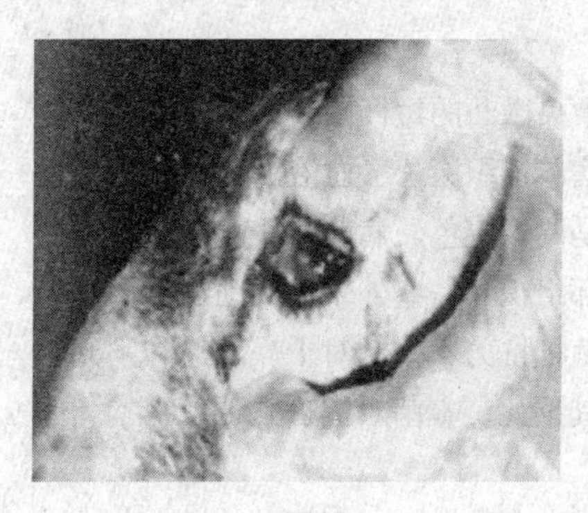

眼结膜潮红

皮下血管充血、出血

图4–5　羊巴氏杆菌病变

（三）防治措施

发现病羊和可疑病羊立即隔离治疗。庆大霉素、四环素以及磺胺类药物都有良好的治疗效果。庆大霉素按每千克体重1 000~1 500单位，四环素每千克体重5~10毫克，20%磺胺嘧啶5~10毫升，均肌内注射，每日2次。或使用复方新诺明或复方磺胺嘧啶，口服，每次每千克体重25~30毫克，1日2次。直到体温下降，食欲恢复为止。预防本病平时应注意饲养管理，避免羊受寒。发生本病后，羊舍用5%漂白粉或10%石灰乳彻底消毒；必要时用高免血清或疫苗给羊做紧急免疫接种。

十二、肉毒梭菌中毒症

肉毒梭菌中毒症是由于食入肉毒梭菌毒素而引起的急性致死性疾病。其特征为运动神经麻痹和延脑麻痹。

（一）病原

肉毒梭菌在分类上属梭菌属，是梭菌属中最大的杆菌之一，能形成卵圆形的芽孢，比菌体宽，位于菌体的次端。革兰氏阳性，但在陈旧培养物中，有的菌株趋向于阴性。肉毒梭菌的芽孢广泛分布于自然界，在动物尸体、肉类、饲料、罐头食品中发育繁殖的产生毒素。这种毒素毒力极强，并且在消化道内不被破坏。液体中的毒素100℃，15~20分钟被破坏，在固体食物中须2小时。肉毒毒素为一种蛋白质，通常以毒素分子和一种红细胞凝集素载体所构成的复合物形式存在。

（二）诊断要点

通过调查发病原因和发病经过并结合临床症状和病理变化，可作出初步诊断；确诊必须检查饲料和尸体内有无毒素存在。

（1）流行特点　肉毒梭菌的芽孢广泛分布于自然界，土壤为其自然居留地，在腐败尸体和腐烂饲料中含有大量的肉毒梭菌毒素，所以该病在各个地区都可发生。各种畜、禽都有易感性，主要由于食入霉烂饲料、腐败尸体和已有毒素污染的饲料、饮水而发病。

（2）临床症状　患病初期呈现兴奋症状，共济失调，步态僵硬，行走时头弯于一侧或作点头运动，尾向一侧摆动。流涎，有浆液性鼻涕。呈腹式呼吸，终因呼吸麻痹而死。

（3）病理变化　病尸剖检一般无特异变化，有时在胃内发现骨片、木石等物，说明生前有异嗜癖。咽喉和会厌有灰黄色被膜覆盖，其下面有出血点，胃肠黏膜可能有卡他性炎症和小点状出血，心内外膜也可能有小点状出血，脑膜可能充血，肺可能发生充血和水肿。

（三）防治措施

特异性治疗可用肉毒毒素多价抗血清，但须早期使用，同时使用泻剂和进行灌肠，以帮助排出肠内的毒素。遇有体温升高者，注射抗生素或磺胺类药物以防发生肺炎。预防本病，平时应注意环境卫生，在牧场畜舍中如发现动物尸体和残骸应及时清除，特别注意不用腐败饲料喂羊。平时在饲料中配入适量的食盐、钙和磷等，以防止动物发生异嗜癖，舔食尸体和残骸等。发现该病时，应查明毒素来源，予以清除。

十三、羊沙门氏菌病

羊沙门氏菌病包括绵羊流产和羔羊副伤寒两病。发病羔羊以急性败血症和泻痢为主。

（一）病原

绵羊流产的病原主要是羊流产沙门氏菌；羔羊副伤寒的病原以都柏林沙门氏菌和鼠伤寒沙门氏菌为主。沙门氏菌是肠杆菌科的一个属，是一种革兰氏阴性，较小的杆菌，一般无荚膜，具周鞭毛，能运动，多数有菌毛。沙门氏杆菌对外界的抵抗力较强，在水、土壤和粪便中能存活几个月，但不耐热。一般消毒药均能迅速将其杀死。本菌有 O 抗原（菌体抗原）、H 抗原（鞭毛抗原）、Vi 抗原（一种表面抗原，又称毒力抗原）3 种抗原，可用于菌型鉴定。实验动物中，小鼠对沙门氏菌最易感；可用注射或口服方法使之感染。

（二）诊断要点

（1）流行特点　沙门氏菌病可发生于不同年龄的羊，无季节性，传染以消化道为主，交配和其他途径也能感染；各种不良因素均可促进该病的发生。

（2）临床症状和病理变化　潜伏期长短不一，依动物的年龄、应激因子和侵入途径等而不同。

① 羔羊副伤寒（下痢型）多见于 15~30 日龄的羔羊。体温升高

达40~41℃，食欲减退，腹泻，排黏性带血稀粪，有恶臭；精神委顿，虚弱，低头，拱背，继而倒地，经1~5天死亡。发病率约30%，病死率为25%。剖检见病羔机体消瘦，真胃与小肠黏膜充血，肠道内容物稀薄如水，肠系膜淋巴结水肿，脾脏充血，肾脏皮质部与心外膜有出血点。

② 绵羊流产多见于妊娠的最后两个月，病羊体温升至40~41℃，厌食，精神抑郁，部分羊呈腹泻症状。病羊产下的活羔，表现衰弱、委顿、卧地，并伴有腹泻，往往于1~7天死亡。病母羊也可在流产后或无流产的情况下死亡。羊群暴发1次，一般持续10~15天。剖检流产、死产胎儿或生后1周内死亡的羔羊，表现败血症病变，组织水肿、充血，肝脾肿胀，有灰色病灶，胎盘水肿、出血。

（三）防治措施

病羊可隔离治疗或淘汰处理。对该病有治疗作用的药物很多，但必须配合护理及对症治疗。可用土霉素和新霉素，羔羊按每日每千克体重30~50毫克，分3次内服；成年羊按每次每千克体重10~30毫克，肌肉或静脉注射，1日2次。也可试用促菌生、调痢生、乳康生等微生态制剂，按说明拌料或口服，使用时不可与抗菌药物同用。预防的主要措施是加强饲养管理。发现病羊应及时隔离并立即治疗；被污染的圈栏要彻底消毒，发病羊群进行药物预防。注意环境卫生消毒，制造良好的饲养环境。冬天做好保温防风工作，秋季做好防潮工作。产羔房最好不连续使用，每次产羔完和临产前要彻底消毒，地面可铺撒石灰，并用2%~4%火碱彻底对地面、墙面喷雾，然后密闭用福尔马林或过氧乙酸熏蒸消毒。产羔期最好能每天喷雾消毒一次。消毒药物选择3~4种轮流替换使用。羔羊在出生后应及早吃初乳，并注意保暖。

十四、羊弯杆菌病

羊弯杆菌病原名羊弧菌病，由弯杆菌属中的胎儿弯杆菌株亚种引起，主要使羊暂时性不育和流产。弯杆菌病是由弯杆菌属细菌引起的人和动物不同疾病的总称。胎儿弯杆菌可引起牛、羊不育与流产；空肠

弯杆菌可引起人、马、牛的急性肠炎。

（一）病原

引起动物和人类疾病的弯杆菌主要是胎儿弯杆菌和空肠弯杆菌。胎儿弯杆菌又分为两个亚种：胎儿弯杆菌胎儿亚种和胎儿弯杆菌性病亚种。两种弯杆菌分类上均属于弯杆菌属，为革兰氏阴性的细长弯曲杆菌。本菌运动力活泼，为微需氧菌，在10%二氧化碳环境中生长良好，鲜血或血清培养基有利于分离培养。

（二）诊断要点

（1）流行特点　胎儿弯杆菌对人和动物均有感染性，绵羊感染可引起流产，病菌主要存在于流产胎儿以及胎儿胃内容物中。空肠弯杆菌可引起人和动物的腹泻，也可引起绵羊的流产，病菌主要存在于流产绵羊的胎盘、胎儿胃内容物以及血液和粪便中。正常动物的肠道中也有空肠弯杆菌存在。患病羊和带菌动物是传染源，主要经消化道感染。绵羊流产常呈地方性流行，在一个地区或一个羊场流行1~2年或更长一些时间后，可停息1~2年，然后又重新发生流行。

（2）临床症状　怀孕母羊多于后期（怀孕的第4、第5个月）发生流产，分娩出死胎、死羔或弱羔。流产母羊一般只有轻度先兆——流出少量阴道分泌物，易被忽视。流产后阴道排出黏性或脓性分泌物。大多数流产母羊很快痊愈，少数母羊由于死胎滞留而发生子宫炎、腹膜炎或子宫脓毒症，最后死亡。病死率不高，约为5%。

（3）病理变化　流产胎儿皮下水肿，肝脏有坏死灶。病死羊可见子宫炎、腹膜炎和子宫积脓。

（4）类症鉴别　本病应与羊布氏杆菌病、羊衣原体病及羊沙门氏菌病等类似疾病进行区别，主要通过实验室诊断进行鉴别。

（三）防治措施

①严格执行兽医卫生防疫措施。产羔季节流产母羊应严格隔离并进行治疗。流产胎儿、胎衣以及污染物要彻底销毁；粪便、垫草等要及

时清除并进行无害化处理；流产地点及时消毒除害。染疫羊群中的羊不得出售，以免扩大传染。

② 本病流行区可用当地分离的菌株制备弯杆菌多种灭活疫苗，对绵羊进行免疫接种，可有效预防流产。

③ 发病羊用四环素内服治疗，按每千克体重日服 20~50 毫克，分 2~3 次服完，连用 2~3 天，早期治疗能减少流产损失。

十五、羊链球菌病

羊链球菌病是严重危害山羊、绵羊的疫病，它是由溶血性链球菌引起的一种急性热性传染病，多发于冬春寒冷季节（每年 11 月至次年 4 月）。本病主要通过消化道和呼吸道传染，其临床特征主要是下颌淋巴结与咽喉肿胀。链球菌最易侵害是绵羊，山羊也很容易感染，多在羊只体况比较弱的冬春季节呈现地方性流行，老疫区一般为散发，临床上表现的特征为发热，下颌和咽喉部肿胀，胆囊肿大和纤维素性肺炎。

（一）病原

致病性链球菌属于链球菌属，革兰氏分类法属于 C 群链球菌。有的可形成荚膜，革兰氏染色阳性，在血液、脏器等病料中多呈双球状排列，也可单个菌体存在，偶见 3~5 个菌体相连的短链。本菌需氧或兼性厌氧，无运动性，不形成芽孢。病菌通常存在于病羊的各个脏器以及各种分泌物、排泄物中，而以鼻涕、气管分泌物和肺脏含量为高。病原体对外环境抵抗力较强，死羊胸水内的细菌在室温下可存活 100 天以上。常用的消毒药有 2% 石炭酸、0.1% 升汞、2% 来苏儿以及 0.5% 漂白粉。

（二）诊断要点

（1）流行特点　本病主要发生于绵羊，绵羊易感性高，山羊次之；实验动物以家兔最为敏感，小鼠和鸽子也具有易感性。病羊和带菌羊是本病的主要传染源，通常经呼吸道排出病原体。自然感染主要通过呼吸道途径，也可通过损伤的皮肤、黏膜以及羊虱蝇等吸血昆虫叮咬传播。

病死羊的肉、骨、皮、毛等可散播病原，在本病传播中具有重要作用。新发病区常是流行性发生，老疫区则呈地方性流行或散发性流行。本病一般于冬、春季节气候寒冷、草质不良时多发。

（2）临床症状　人工感染的潜伏期为3~10天。病羊体温升高至41℃，呼吸困难，精神不振，食欲低下，反刍停止。眼结膜充血，流泪，常见流出脓性分泌物；口流涎水，并混有泡沫；鼻孔流出浆液性、脓性分泌物。咽喉肿胀，颌下淋巴结肿大，部分病例舌体肿大。粪便松软，带有黏液或血液。有些病例可见眼睑、口唇、面颊以及乳房部位肿胀。怀孕羊可发生流产。病羊死前常有磨牙、呻吟和抽搐现象。病程一般2~5天。急性病例呼吸困难，24小时内死亡。一般情况下2~3天死亡。

（3）病理变化　病理变化主要以败血性变化为主。尸僵不显著或者不明显。淋巴结出血、肿大。鼻、咽喉、气管黏膜出血。肺脏水肿、气肿，肺实质出血、肝变，呈大叶性肺炎，有时可见有坏死灶；肺脏常与胸腔壁粘连。肝脏肿大，表面有少量出血点；胆囊肿大2~4倍，胆汁外渗。肾脏质地变脆、变软，肿胀、梗死，被膜不易剥离。各脏器浆膜面常覆盖有黏稠、丝状的纤维素样物质。

（4）类症鉴别　羊链球菌病应与炭疽、巴氏杆菌病以及羊快疫类疾病进行区别。

① 羊链球菌病与羊炭疽的鉴别。炭疽患病羊无咽喉炎、肺炎症状，唇、舌、面颊、眼睑及乳房等部位无肿胀，眼角不流浆性、脓性分泌物；各脏器特别是肺浆膜面无丝状黏稠的纤维素样物质。此外，羊链球菌病病原为链球菌，羊炭疽病病原则为炭疽杆菌，病原形态有差别；炭疽沉淀试验，羊链球菌病应为阴性，而炭疽则为阳性。

② 羊链球菌病与羊快疫类疾病的鉴别。羊快疫类疾病患病羊无高热以及全身广泛出血变化。羊快疫类疾病由病原梭菌引起，羊链球菌病病原为链球菌，病料染色镜检病原大小、形态有区别。

③ 羊链球菌病与羊巴氏杆菌病的鉴别。羊链球菌病与巴氏杆菌病在临床症状和病理变化上很相似，常通过细菌学检查作出鉴别诊断。羊巴氏杆菌病由多杀性巴氏杆菌引起，巴氏杆菌为革兰氏阴性、具有两极

染色特性的细小杆菌；快疫链球菌为革兰氏阳性的球菌。

（三）防治措施

① 改善放牧管理条件，保暖防风，防冻，防拥挤，防病源传入。

② 定期消灭羊体内外寄生虫。

③ 做好羊圈及场地、用具的消毒工作。入冬前，用链球菌氢氧化铝甲醛菌苗进行预防注射，羊不分大小，一律皮下注射 3 毫升，3 月龄内羔羊 14~21 天后再免疫注射 1 次。

④ 发病后，对病羊和可疑羊要分别隔离治疗，场地、器具等用 10% 的石灰乳或 3% 的来苏儿严格消毒，羊粪及污物等堆积发酵，病死羊进行无害化处理。

⑤ 每只病羊用青霉素 30 万 ~60 万国际单位肌注，每日 1 次，连用 3 天。肌内注射 10 毫升 10% 的磺胺噻唑，每日 1 次，连用 3 天。也可用磺胺嘧啶或氯苯磺胺 4~8 克灌服，每日 2 次，连用 3 天。

⑥ 高热者每只用 30% 安乃近 3 毫升肌内注射，病情严重食欲废绝的给予强心补液，5% 葡萄糖盐水 500 毫升，安钠咖 5 毫升，维生素 C 5 毫升，地塞米松 10 毫升静脉滴注，每天 2 次，连用 3 天。

⑦ 加强饲养管理，做好抓膘、保膘及保暖防风、防冻、防拥挤。做好羊圈及场地、用具的消毒工作。入冬前应用链球菌氢氧化铝甲醛菌苗进行预防注射。羊只不分大小，一律皮下注射 3 毫升，3 月龄内羔羊 14~21 天后再免疫注射 1 次。在流行地区给每只健康羊注射抗羊链球菌血清或青霉素等抗生素有一定的效果。

⑧ 未发病地区勿从疫区引入种羊、购进羊肉或皮毛产品，加强防疫检疫工作。

十六、羊快疫

羊快疫是由腐败梭菌经消化道感染引起的主要发生于绵羊的一种急性传染病。本病以突然发病，病程短促，真胃出血性炎性损害为特征。

（一）病原

病原为腐败梭菌，革兰氏阳性的厌氧大杆菌，菌体正直，两端钝圆，用死亡羊的脏器，特别是肝脏被膜触片染色后镜检，常见到无关节的长丝状菌体，这一特征对诊断本病有重要价值。在动物体内外均可产生芽孢，不形成荚膜，可产生多种毒素。具有致死、坏死特性。发病羊多为6~18月龄的绵羊，山羊较少发病，主要经消化道感染。

（二）诊断要点

（1）流行特点　发病羊多为6~18月龄、营养较好的绵羊，山羊较少发病。主要经消化道感染。腐败梭杆菌通常以芽孢体形式散布于自然界，特别是潮湿、低洼或沼泽地带。羊只采食污染的饲草或饮水，芽孢体随之进入消化道，但并不一定引起发病。当存在诱发因素时，特别是秋冬或早春季节气候骤变、阴雨连绵之际，寒冷饥饿或采食了冰冻带霜的草料时，机体抵抗力下降，腐败梭菌即大量繁殖，产生外毒素，使消化道黏膜发炎、坏死并引起中毒性休克，使患病羊迅速死亡。本病以散发性流行为主，发病率低而病死率高。

（2）临床症状　患羊往往来不及表现临床症状即突然死亡，常见在放牧时死于牧场或早晨发现死于圈舍内。病程稍缓者，表现为不愿行走，运动失调，腹痛、腹泻，磨牙抽搐，最后衰弱昏迷，口流带血泡沫，多于数分钟或几小时内死亡，病程极为短促。

（3）病理变化　病死羊尸体迅速腐败膨胀。剖检可见黏膜充血呈暗紫色。体腔多有积液。特征性表现为真胃出血性炎症，胃底部及幽门部黏膜可见大小不等的出血斑点及坏死区，黏膜下发生水肿。肠道内充满气体（图4-6），常有充血、出血、坏死或溃疡。心、内外膜可见点状出血（图4-7）。胆囊多肿胀。

（4）类症鉴别　羊快疫通常应与炭疽、羊肠毒血症和羊黑疫等类似疾病相鉴别。

① 羊快疫与羊炭疽的鉴别。羊快疫与羊炭疽的临床症状和病理变化较为相似，可通过病原学检查区别腐败梭菌和炭疽杆菌。此外，也可

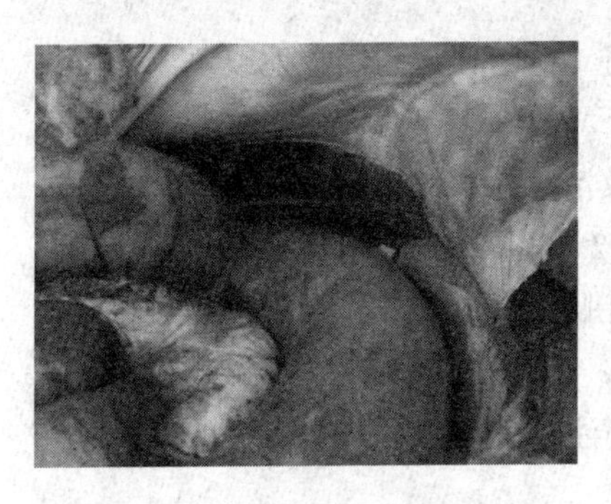

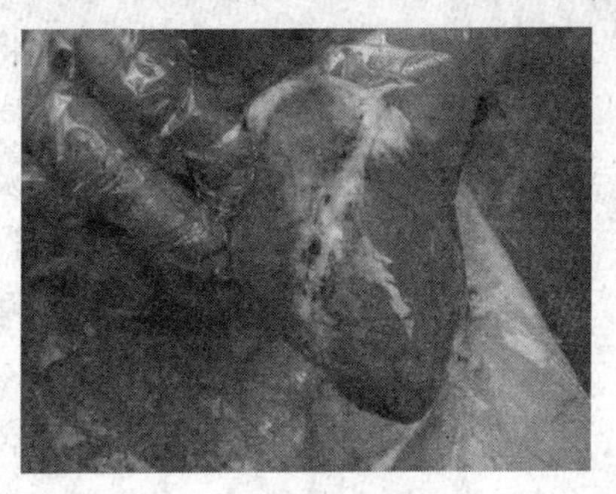

图 4-6　羊快疫肠道内充满气体　　图 4-7　心外膜可见点状出血

采集病料做炭疽沉淀试验进行区别诊断。

② 羊快疫与羊肠毒血症的鉴别。羊快疫与羊肠毒血症在临论表现上很相似，可通过以下几方面进行区别：a. 羊快疫多发于秋冬和早春，多见于阴冷潮湿地区，诱因常为气候骤变，阴雨连绵，风雪交加，特别是在采食了冰冻带霜的草料时多发。羊肠毒血症在牧区多发于春夏之交和秋季，农区则多发于夏秋收割季节，羊采食过量谷类或青贮多汁及富含蛋白质的草料时。b. 发生肠毒血症时病羊常有血糖和尿糖升高现象，羊快疫则无。c. 羊快疫有显著的真胃出血性炎症，肠毒血症则多见肾脏软化。d. 羊快疫病例肝被膜触片可见无关节长丝状的腐败梭菌；肠毒血症病例肾脏等实质器官可检出 D 型产气荚膜梭菌。

③ 羊快疫与羊黑疫的鉴别　羊黑疫的发生常与肝片吸虫病的流行有关。羊黑疫病真胃损害轻微，肝脏多见坏死灶。病原学检查，羊黑疫病例可检出诺维氏梭菌；羊快疫病例则可检出腐败梭菌，且可观察到腐败梭菌呈无关节长丝状的特征。

（三）防治措施

① 常发病地区，每年定期接种“羊快疫、肠毒血症、猝死三联苗”或“羊快疫、肠毒血症、猝死、羔羊痢疾、黑疫五联苗”，羊不论大小，一律皮下或肌内注射 5 毫升，注苗后 2 周产生免疫力，保护期达半年。

② 加强饲养管理，防止严寒袭击。有霜期早晨放牧不要过早，避免采食霜冻饲草。

③ 发病时及时隔离病羊，并将羊群转移至高燥牧地或草场，可收到减少或停止发病的效果。

④ 本病病程短促，往往来不及治疗。病程稍拖长者，可肌注青霉素，每次80万~100万单位，1日2次，连用2~3日；内服磺胺嘧啶，1次5~6克，连服3~4次；也可内服10%~20%石灰乳500~1 000毫升，连服1~2次。必要时可将10%安钠咖10毫升加于500~1 000毫升5%~10%葡萄糖溶液中，静脉滴注。

十七、羊肠毒血症

羊肠毒血症又称“软肾病”或“类快疫”，是由D型产气荚膜梭菌在羊肠道内大量繁殖产生毒素引起的，主要发生于绵羊。本病以急性死亡、死后肾组织易于软化为特征。

（一）病原

产气荚膜杆菌分类上属于梭菌属。本菌为厌氧性粗大杆菌，革兰氏染色阳性，在动物体内可形成荚膜，芽孢位于菌体中央。本菌可产生α、β、γ等多种外毒素，依据毒素—抗毒素中和试验可将产气荚膜梭菌分为A，B，C，D，E 5个毒素型。羊肠毒血症由D型产气荚膜梭菌所引起。

（二）诊断要点

（1）流行特点　发病以绵羊为多，山羊较少。通常以2~12月龄、膘情较好的羊只为主。产气荚膜梭菌为土壤常在菌，也存在于污水中，通常羊只采食被芽孢污染的饲草或饮水，芽孢随之进入消化道，一般情况下并不引起发病。当饲料突然改变，特别是从吃干草改为采食大量谷类或青嫩多汁和富含蛋白质的草料之后，导致羊的抵抗力下降和消化功能紊乱，D型产气荚膜梭菌在肠道迅速繁殖，产生大量毒素，经胰蛋白酶激活变为毒素进入血液，引起全身毒血症，发生休克而死。本病的发生常表现一定的季节性，牧区以春夏之交抢青时和秋季牧草结籽后的一段时间发病为多；农区则多见于收割抢茬季节或补食大量富含蛋白质饲料时。一般呈散发性流行。

（2）临床症状　本病发生突然，病羊呈腹痛、肚胀症状。患病羊常离群呆立、卧地不起或独自奔跑。濒死期发生肠鸣或腹泻，排出黄褐色水样稀粪。病羊全身颤抖、磨牙，头颈后仰，口鼻流沫，于昏迷中死去。体温一般不高，血、尿常规检查有血糖、尿糖升高现象。

（3）病理变化　病变主要限于消化道、呼吸道和心血管系统。真胃内有未消化的饲料；肠道特别是小肠充血、出血（图 4-8），严重者整个肠段肠壁是血红色或有溃疡。肺脏出血、水肿。肾脏软化如泥样（图 4-9），一般认为是一种死后的变化。体腔积液，心脏扩张，心内、外膜有出血点。

图 4-8　羊肠毒血症小肠充血、出血

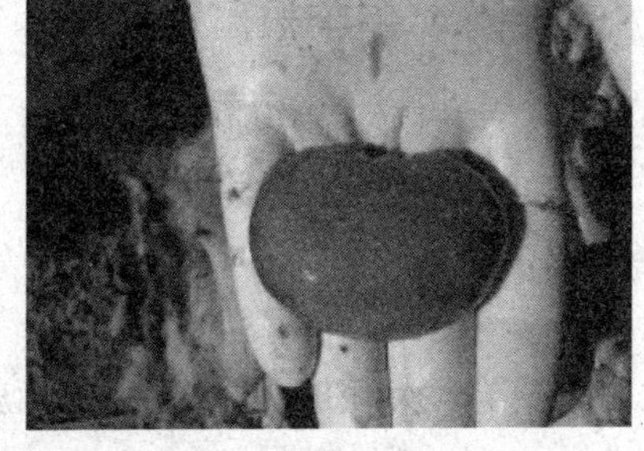

图 4-9　羊肠毒血症肾脏软化

（4）类症鉴别　本病应与炭疽、巴氏杆菌病和羊快疫等相鉴别。

① 羊肠毒血症与炭疽的鉴别。炭疽可致各种年龄的羊只发病，临床检查有明显的体温反应，死后尸僵不全，可视黏膜发绀，天然孔流血，血液凝固不良。如剖检可见脾脏高度肿大。细菌学检查可发现具有荚膜的炭疽杆菌，此外，炭疽环状沉淀试验也可用于鉴别诊断。

② 羊肠毒血症与巴氏杆菌病的鉴别。巴氏杆菌病病程多在 1 天以上，临床表现有体温升高，皮下组织出血性胶样浸润，后期则呈现肺炎症状。病猝狙料涂片镜检可见革兰氏阴性、两极染色的巴氏杆菌。

③ 羊肠毒血症与羊快疫的鉴别参见羊快疫。

（三）防治措施

（1）常发病地区　每年定期接种“羊快疫、肠毒血症、猝狙三联苗”或“羊快疫、肠毒血症、猝狙、羔羊痢疾、黑疫五联苗”，羊只不论大小，一律皮下或肌内注射 5 毫升，注苗后 2 周产生免疫力，保护期达半年。

（2）加强饲养管理　农区、牧区春夏之际少抢青、抢茬，秋季避免采食过量结籽牧草。发病时及时转移至高温牧地草场。

（3）本病病程短促，往往来不及治疗　羊群出现病例多时，对未发病羊只可内服 10%~20% 石灰乳 50~100 毫升进行预防。

十八、羔羊梭菌性痢疾

羔羊梭菌性痢疾简称羔羊痢疾，是初生羔羊的一种毒血症，以剧烈腹泻和小肠发生溃疡为特征。

（一）病原

羔羊痢疾由 B 型产气荚膜梭菌所引起。

（二）诊断要点

（1）流行特点　本病主要发生于 7 日龄以内的羔羊，尤以 2~5 日龄羔羊发病为多。羔羊生后数日，B 型产气荚膜梭菌可通过吮乳、羊粪或饲养人员手指进入消化道，也可通过脐带或创伤感染。在不良因素的作用下，病菌在小肠大量繁殖，产生毒素（主要为 β 毒素），引起发病。羔羊痢疾的诱发因素主要有：母羊怀孕期营养不良，羔羊体质瘦弱；气候骤变，寒冷袭击，特别是大风雪后，羔羊受冻；哺乳不当，饥饱不均。本病可使羔羊发生大批死亡，特别是草质差的年份或气候寒冷多变的月份，发病率和病死率均高。

（2）临床症状　潜伏期 1~2 天。病初羔羊精神委顿，食欲低下；不久即下痢，粪便恶臭，有的稠如面糊，有的稀薄如水，颜色黄绿、黄白甚至灰白，部分病羔后期粪便带血，成为血便。病羔虚弱，卧地不起，常于1~2天死亡。个别病羔腹胀而不下痢，或只排少量稀粪（也可能粪便带血或成血便），主要表现为神经症状，四肢瘫软，卧地不起，呼吸急促，口流白沫，最终昏迷。体温降至常温以下，多在数小时或十几小时内死亡。

（3）病理变化　尸体严重脱水，尾部污染有稀粪。真胃内有未消化的乳凝块；小肠尤其回肠黏膜充血发红，常可见直径1~2毫米的溃疡病灶，溃疡灶周围有一充血、出血带环绕；肠系膜淋巴结肿胀充血，间或出血；心包积液，心内膜可见有出血点；肺脏常有充血区或瘀斑。

（4）类症鉴别　羔羊梭菌性痢疾应与沙门氏菌病、大肠杆菌病等类似疾病相区别。

① 羔羊梭菌性痢疾与沙门氏菌病的鉴别。由沙门氏菌引起的初生羔羊下痢，粪便也可夹杂有血液，剖检可见真胃和肠黏膜潮红并有出血点，从心血、肝脏、脾脏和脑可分离到沙门氏菌。

② 羔羊梭菌性痢疾与大肠杆菌病的鉴别。由大肠杆菌引起的羔羊下痢，用产气荚膜梭菌免疫血清预防无效，而用大肠杆菌免疫血清则有一定的预防作用。在羔羊濒死或刚死时采集病料进行细菌学检查，分离出纯培养的致病菌株具有诊断意义。

（三）防治措施

（1）加强饲养管理，增强孕羊体质　产羔季节注意保暖，防止羔羊受冻；合理哺乳，避免饥饱不均；产前产后或接羔过程中都要注意清洁卫生。

（2）每年产前定期接种“羊快疫、肠毒血症、猝狙、羔羊痢疾、黑疫五联苗”（参见羊快疫）　也可接种羔羊痢疾灭活疫苗，怀孕母羊分娩前20~30日皮下注射2毫升，再于分娩前10~20日第二次注苗3毫升，第二次接种后10日产生免疫力，经初乳可使羔羊获得被动免疫力。

（3）发病时，对病羔要做到及早发现，及早治疗，仔细护理　羔羊出生后12小时，可灌服土霉素0.15~0.20克，每日1次，连服3日，有一定预防效果。治疗羔痢的方法很多，可结合当地实际，因地制宜，合理选用。内服土霉素0.2~0.3克或再加等量胃蛋白酶，水调灌服，1

日2次，连服2~3日；用磺胺嘧啶0.5克、鞣酸蛋白0.2克、次硝酸钠0.2克或碳酸氢钠0.2克水调灌服，1日3次，连服2~3日。也可用微生态制剂（如促菌生、调痢生、乳康生等）按说明拌料或口服。同时进行对症施治，如强心补液、解痉镇静、调理胃肠功能、保持电解质平衡等。中草药也有一定疗效。

十九、羊黑疫

羊黑疫又称“传染性坏死性肝炎”，是由B型诺维氏梭菌引起的绵羊、山羊的一种急性高度致死性毒血症。本病以肝实质发生坏死性病灶为特征。

（一）病原

诺维氏梭菌分类上属于杆菌属，为革兰氏阳性的大杆菌。本菌严格厌氧，可形成芽孢，不产生荚膜，具有周身鞭毛，能运动。

本菌分为A、B、C 3型。A型菌能产生α、γ、ε、δ 4种外毒素；B型菌产生ε、β、η、ζ、θ 5种外毒素；C型菌不产生外毒素，此型菌与脊髓炎有关，但无病原学意义。

（二）诊断要点

（1）流行特点　本菌能使1岁以上的绵羊发病，以2~4岁、营养好的绵羊多发，发病羊多为营养佳良的肥胖羊只，山羊也可患病，牛偶可感染。实验动物以豚鼠最为敏感，家兔、小鼠易感性较低。诺维氏梭菌广泛存在于自然界特别是土壤之中，羊采食被芽孢体污染的饲草后，芽孢由胃肠道经目前尚未阐明的途径进入肝脏。当羊感染肝片吸虫时，肝片吸虫幼虫游走损害肝脏使其氧化—还原电位降低，存在于该处的诺维氏梭菌芽孢即获适宜的条件，迅速生长繁殖，产生毒素，进入血液循环，引起毒血症，导致急性休克而死亡。本病主要发生于低洼、潮湿地区，以春、夏季节多发，发病常与肝片吸虫的感染侵袭密切相关。

（2）临床症状　本病在临床上与羊快疫、肠毒血症等极其类似。病程十分急促，绝大多数情况是未见有病而突然发生死亡。少数病例病程稍长，可拖延1~2天，但没有超过3天的。病畜掉群，不食，呼吸困难，体温41.5C左右，呈昏睡俯卧，并保持在这种状态下毫无痛苦地突然死去。

（3）病理变化　病羊尸体皮下静脉显著充血，其皮肤呈暗黑色外观（黑疫之名即由此而来）。胸部皮下组织经常水肿。浆膜腔有液体渗出，暴露于空气易于凝固，液体常呈黄色，但腹腔液略带血色。左心室心内膜下常出血。真胃幽门部和小肠充血和出血。肝脏充血肿胀，从表面可看到或摸到有一个到多个凝固性坏死灶，坏死灶的界限清晰，灰黄色，不整圆形，周围常为一鲜红色的充血带围绕，坏死灶直径可达2~3厘米，切面成半圆形。羊黑疫肝脏的这种坏死变化是很具特征性的，具有很大的诊断意义（图4-10）。

图4-10　肝脏坏死羊黑疫

（4）类症鉴别　羊黑疫应与羊快疫、羊肠毒血症、羊炭疽等类似疾病进行区别诊断（参见相关各病）。

（三）防治措施

① 流行本病的地区应搞好控制肝片吸虫感染的工作。

② 常发病地区定期接种“羊快疫、肠毒血症、猝狙、羔羊痢疾、黑疫五联苗”，每只羊皮下或肌内注射5毫升，注苗后2周产生免疫力，保护期达半年。

③ 本病发生、流行时，将羊群移牧于高燥地区。可用抗诺维氏梭菌血清进行早期预防，每只羊皮下或肌内注射10~15毫升，必要时重

复1次。

④ 病程稍缓的羊只，肌内注射青霉素80万~160万单位，每日2次，连用3日；或者发病早期静脉或肌内注射抗诺维氏梭菌血清50~80毫升，必要时重复用药1次。

二十、羊衣原体病

羊衣原体病是由鹦鹉热衣原体引起的绵羊、山羊的传染病。临床上以发热、流产、死产和产出弱羔为特征。在疾病流行期也见部分羊表现多发性关节炎、结膜炎等疾患。

（一）病原

鹦鹉热衣原体分类上属于衣原体科，衣原体属。衣原体只能在活的细胞内繁殖，增殖过程出现不同的发育周期有初体和原体之分。初体为繁殖型、无传染性；原体具有传染性，感染主要由原体引起。衣原体呈球形或卵圆形，革兰氏染色阴性，生活周期各期形态不同，染色反应亦异，经姬姆萨氏染色法染色，形态较小而具有传染性的原体被染成紫色，形态较大的繁殖性始体则被染成蓝色。受感染的细胞内可查见各种形态的包涵体，由原体组成，对疾病诊断有特异性。衣原体在一般培养基上不能繁殖。常在鸡胚和组织培养中增殖。实验动物以小鼠和豚鼠对其具有易感性。鹦鹉热衣原体抵抗力不强，对热敏感，感染鸡胚卵黄囊中的衣原体在-20℃可保存数年。0.1%福尔马林、0.5%石炭酸、70%酒精、3%氢氧化钠均能将其灭活。衣原体对青霉素、四环素、红霉素等抗生素敏感，而对链霉素有抵抗力。沙眼衣原体对磺胺类药物敏感，而鹦鹉热衣原体则有抵抗力。

（二）诊断要点

（1）流行特点　鹦鹉热衣原体可感染多种动物，多为隐性经过。家畜中以牛、羊较为易感，禽类感染后称为“鹦鹉热”或“鸟疫”。许多野生动物和禽类是本菌的自然宿主。患病动物和带菌动物为主要传染源，可通过粪便、尿液、乳汁、泪液、鼻分泌物以及流产的胎儿、胎衣、羊水排出病原体，污染水源、饲料及环境。本病主要经呼吸道、消化道及损伤的皮肤、黏膜感染；也可通过交配或用患病公畜的精液人工授精发生感染，子宫内感染也有可能；蜱、螨等吸血昆虫叮咬也可能传播本病。羊衣原体性流产多呈地方性流行。密集饲养、营养缺乏、长途运输或迁徙、寄生虫侵袭等应激因素可促进本病的发生、流行。

（2）临床症状　鹦鹉热衣原体感染绵羊、山羊可有不同的临诊表现，主要有下列几种病型。

① 流产型。潜伏期 50~90 天。流产通常发生于妊娠的中后期，一般观察不到征兆，临床表现主要为流产、死胎或娩出生命力不强的弱羔羊。流产后往往胎衣滞留，流产羊阴道排出分泌物可达数日。有些病羊可因继发感染细菌性子宫内膜炎而死亡。羊群首次发生流产，流产率可达 20%~30%，以后则流产率下降。流产过的母羊，一般不再发生流产。在本病流行的羊群中，可见公羊患有睾丸炎、附睾炎等疾病。

② 关节炎型。鹦鹉热衣原体侵害羔羊，可引起多发性关节炎。感染羔羊于病初体温高达 41~42℃。食欲减退，掉群，不适，肢关节（尤其腕关节、跗关节）肿胀、疼痛，一肢或四肢跛行。患病羔羊肌肉僵硬，或弓背而立，或长期卧地，体重减轻，生长发育受阻。有些羔羊同时发生结膜炎。发病率高，病程短。

③ 结膜炎型。结膜炎主要发生于绵羊，特别是肥育羔和哺乳羔。病羔一眼或双眼均可发病，眼结膜充血、水肿，大量流泪、病后 2~7 天，两眼发生不同程度的混浊，出现血管翳、糜烂、溃疡或穿孔。数天后，在眼睑眼结膜上形成直径 1~10 毫米的淋巴滤泡（滤泡性结膜炎）。某些病羊可伴发关节炎，发生跛行。发病率高，一般不引起死亡，病程 6~10 天，角膜溃疡者，病期可达数周。

部分病例可发生肺炎、肠炎等疾患。

（3）病理变化

① 流产型。流产母羊胎膜水肿、增厚，黏液呈黑红色或土黄色。流产胎儿水肿，皮肤、皮下组织、胸腺及淋巴结等处有点状出血，肝脏充血、肿胀，表面可能有针尖大小的灰白色病灶。组织病理学检查，胎儿肝、肺、肾、心肌和骨骼肌血管周围网状内皮细胞增生。

② 关节炎型。关节囊扩张，发生纤维素性滑膜炎。关节囊内积聚有炎性渗出物，滑膜附有疏松的纤维素性絮片。患病数周的关节滑膜层由于绒毛样增生而变粗糙。

③ 结膜炎型。结膜充血、水肿。角膜发生水肿、糜烂和溃疡。结膜、眼结膜上可见大小不等的淋巴样滤泡，组织病理学检查可发现滤泡内淋巴细胞增生。

（三）防治措施

① 加强饲养卫生管理，消除各种诱发因素，防止寄生虫侵袭，增强羊群体质。

② 流行本病的地区，用羊流产做原体灭活苗对母羊和种公羊进行免疫接种，可有效控制羊衣原体病的流行。

③ 发生本病时，流产母羊及其所产弱羔应及时隔离。流产胎盘、产出的死羔应予无公害化处理。污染的羊舍、场地等环境用 2% 氢氧化钠溶液、2% 来苏儿溶液等进行彻底消毒。

④ 治疗。肌内注射青霉素，每次 80 万 ~160 万单位，1 日 2 次，连用 3 日。也可将四环素族抗生素拌于饲料中饲喂，连用 1~2 周。结膜炎患羊可用土霉素软膏点眼治疗。

二十一、羊支原体性肺炎

羊支原体性肺炎又称羊传染性胸膜肺炎，是由支原体引起的羊的一种高度接触性传染病。本病以发热，咳嗽，浆液性和纤维蛋白性肺炎以及胸膜炎为特征。

（一）病原

引起山羊支原体性肺炎的病原体为丝状支原体山羊亚种，分类上属于支原体科，支原体属。丝状支原体是一种细小、多形性微生物，革兰氏染色阴性，用姬姆萨氏法、美蓝染色法着色良好。近年来，在我国甘肃等省区，从具有类似山羊传染性脑膜肺炎临诊症状和病理变化的患病山羊中分离到一种与丝状支原体山羊亚种无交互免疫性的支原体，经鉴定为绵羊肺炎支原体。这种支原体的形态也具多形性，在培养基（琼脂浓度约为 0.7%）上生长时，也是一般支原体都具有的“煎蛋”状菌落，而且山羊、绵羊均可感染致病。丝状支原体山羊亚种对理化因素的抵抗力弱，对红霉素高度敏感，但对青霉素、链霉素不敏感；而绵羊肺炎支原体则对红霉素不敏感。

（二）诊断要点

（1）流行特点　自然条件下，丝状支原体山羊亚种只感染山羊，以 3 岁以下的山羊发病为多；而绵羊肺炎支原体则可感染山羊和绵羊。病羊为主要传染源，病脑组织以及胸腔渗出液中含有大量病原体，主要经呼吸道分泌物排菌。耐过羊在相当长的时期内也可成为传染源。本病常呈地方性流行，主要通过空气—飞沫经呼吸道传染，接触传染性强。阴雨连绵，寒冷潮湿，营养缺乏，羊群密集、拥挤等不良因素易诱发本病。

（2）临床症状　潜伏期平均 18~20 天。病初体温升高，精神沉郁，食欲减退。随即咳嗽，流浆液性鼻液。4~5 天后咳嗽加重，干咳而痛苦，浆液性鼻涕变为黏脓性，常黏附于鼻孔、上唇，呈铁锈色。病羊多在一侧出现胸膜肺炎变化，肺部叩诊有实音区，听诊肺呈支气管呼吸音或呈摩擦音，触压胸壁，羊表现敏感、疼痛。病羊呼吸困难，高热稽留，眼睑肿胀，流泪或有黏液—脓性分泌物，腰背拱起做痛苦状。怀孕母羊可发生流产，部分羊肚胀腹泻，有些病例口腔溃烂，唇部、乳房等部位皮肤发疹。病羊在濒死前体温降至常温以下，病期多为 7~15 天。

（3）病理变化　病变多局限于胸部和胸腔常有淡黄色积液，暴露于空气后其中的纤维蛋白易于凝固。病理损害多发生于一侧，常呈纤维蛋白性肺炎，或为两侧性肺炎；肺实质肝变，切面呈大理石样变化；肺小叶间质变宽，界线明显；血管内常有血栓形成。胸膜增厚而粗糙，常与胸膜、心包膜发生粘连。支气管淋巴结、纵膈淋巴结肿大，切面多汁并有出血点。心包积液，心肌松弛、变软。肝脏、脾脏肿大，胆囊肿胀。肾脏肿大，被膜下可见有小出血点。病程久者，肺肝样病变，结构组织增生，甚至有包囊化的坏死灶（图 4-11、图 4-12）。

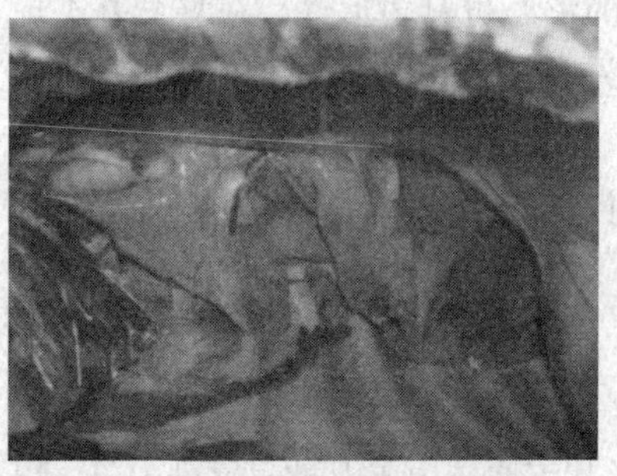

图 4-11　与周围组织粘连，有包囊化的坏死灶

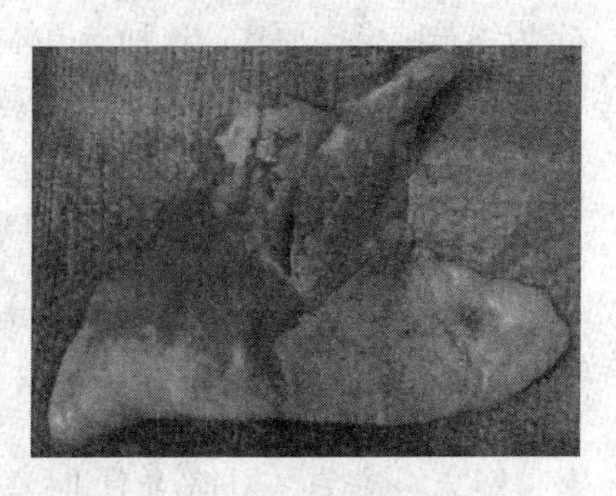

图 4-12　肺部分实质肝变

（4）类症鉴别　本病应与巴氏杆菌病进行区别。

在临床症状和病理变化上，羊支原体性肺炎和羊巴氏杆菌病很相似，但病料染色镜检，羊支原体性肺炎通常观察到较为细小的多形性菌体，而羊巴氏杆菌病则可检出两极着色的卵圆状杆菌；病料接种家兔和小鼠进行动物感染试验，羊支原体性肺炎的病料不引起发病，而巴氏杆菌病的病料则引起动物死亡。

（三）防治措施

① 坚持自繁自养，勿从疫区引进羊只；加强饲养管理，增强羊的体质；对从外地引进的羊，严格隔离，检疫无病后方可混群饲养。

② 本病流行区坚持免疫接种。山羊传染性胸膜肺炎氢氧化铝灭活疫苗，半岁以下羊只皮下或肌肉接种 3 毫升，半岁以上羊接种 5 毫升；如当地羊群疾病系由于羊肺炎支原体所引起，可使用新近研制成的绵羊肺炎支原体灭活疫苗。

③ 羊群发病，及时进行封锁、隔离和治疗。污染的场地、圈舍、饲管用具以及粪便、病死羊的尸体等进行彻底消毒或无害处理。

④ 治疗可选用土霉素，每日每千克体重 20~50 毫克，分 2~3 次服完。也可使用磺胺类药物如复方新诺明等进行治疗。

二十二、羊腐蹄病

腐蹄病也叫蹄间腐烂或趾间腐烂，秋季易发病，是羊、牛、猪、马都能够发生的一种传染病，羊腐蹄病有传染性和非传染性两类，是由坏死杆菌侵入羊蹄缝内，造成蹄质变软、烂伤流出脓性分泌物。其特征是局部 组织发炎、坏死。因为病常侵害蹄部，因而称“腐蹄病”。此病在我国各地都有发生，尤其在西北的广大牧区常呈地方性流行，对羊只的发展危害很大。

（一）病原

山羊方面的报道，所有腐蹄病的病例都与感染结节梭形杆菌有关。牧场的湿度与病的分布有很大关系，全世界的干旱地区很少发生。湿度的影响是能使蹄壳的角质软化，便于细菌的穿入，结节梭形杆菌可在受染羊的蹄壳上存在多年，这一点在该病的控制上非常重要。

在羊蹄之外的生存超不过 10 天，在土壤中也不能增殖。因此，唯一的长期传染源是患腐蹄病的羊。其次，涉及的病菌还有坏死梭形杆菌和羊肢腐蚀螺旋体；大多数科学家认为，本病是由坏死梭形杆菌与结节梭菌共同起作用而引起的。

在未经治疗不当的病例，一些继发性细菌可以脓棒状杆菌、链球菌、葡萄球菌芪至大肠杆菌都可以侵入，而引起严重的灾难性的后果，并导致蛆的侵袭。

（二）症状

患腐蹄病的牛羊食欲降低，精神不振，喜卧，走路跛。初期轻度跛行，趾间皮肤充血、发炎、轻微肿胀，触诊病蹄敏感。病蹄有恶臭分泌物和坏死组织，蹄底部有小孔或大洞。用刀切削扩创，蹄底的小孔或大洞中有污黑臭水迅速流出。趾间也常能找到溃疡面，上面覆盖着恶臭物，蹄壳腐烂变形，牛羊卧地不起，病情严重的体温上升，甚至蹄匣脱落，还可能引起全身性败血症。

病初轻度跛行，多为一肢患病。随着疾病的发展，跛行变为严重。

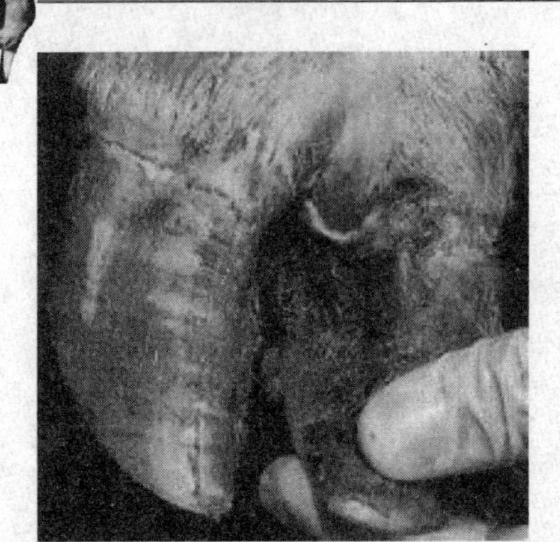

图 4-13 羊腐蹄病蹄间溃烂

如果两前肢患病，病羊往往爬行；后肢患病时，常见病肢伸到腹下。进行蹄部检查时，初期见蹄间隙、蹄匣和蹄冠红肿、发热，有疼痛反应，以后溃烂（图 4-13），挤压时有恶臭的脓液流出。更严重的病例，引起蹄部深层组织坏死，蹄匣脱落，病羊常跪下采食。

有时在绵羊羔引起坏死性口炎，可见鼻、唇、舌、口腔甚至眼部发生结节、水泡，以后变成棕色痂块。有时由于脐带消毒不严，可以发生坏死性脐炎。在极少数情况下，可以引起肝炎或阴唇炎。

病程比较缓慢，多数病羊跛行达数十天甚至数月。由于影响采食，病羊逐渐变为消瘦。如不及时治疗，可能因为继发感染而造成死亡。

（三）预防

（1）消除促进发病的各种因素

① 加强蹄子护理，经常修蹄，避免用尖硬多荆棘的饲料，及时处理蹄子外伤；

② 注意圈舍卫生，保持清洁干燥，羊群不可过度拥挤；

③ 尽量避免或减少在低洼、潮湿的地区放牧。

（2）当羊群中发现本病时，应及时进行全群检查，将病羊全部隔离开进行治疗　对健羊全部用 30% 硫酸铜或 10% 福尔马林进行预防性浴蹄。对圈舍要彻底清扫消毒，铲除表层土壤，换成新土。对粪便、坏死组织及污染褥草彻底进行焚烧处理。

发现腐蹄病羊，要及时隔离治疗。健康羊关在一起或在同一草场放牧。

如果患病羊只较多，应该倒换放牧场和饮水处；选择高燥牧场，改到沙底河道饮水。停止在污染的牧场放牧，至少经过两个月以后再利用。

（3）注射抗腐蹄病疫苗“clovax” 最初注射两次，间隔 5~6 周。以后每 6 个月注射 1 次。疫苗效果很好，但只有在最好的管理条件下才能达到 100% 的效果。

该疫苗亦可用于治疗但其将来的主要作用还是作部分预防措施，最重要的是同良好的管理相结合。由于疫苗昂贵，羊主一般只是用于公羊。

对死羊或屠宰羊，应先除去坏死组织，然后剥皮，待皮、毛干燥以后方可外运。

（四）治疗

首先进行隔离，保持环境干燥。然后根据疾病发展情况，采取适当治疗措施。

① 除去患部坏死组织，到出现干净创面时，用食醋、4% 醋酸、1% 高锰酸钾、3% 来苏儿或双氧水冲洗，再用 10% 硫酸铜或 6% 福尔马林进行浴蹄。如为大批发生，可每日用 10% 龙胆紫或松馏油涂抹患部。

② 若脓肿部分未破，应切开排脓，然后用 1% 高锰酸钾洗涤，再涂搽浓福尔马林，或撒以高锰酸钾粉。

③ 除去坏死组织后，涂以 10% 氯霉素酒精溶液，也可用青霉素水剂（每毫升生理盐水含 100~200 国际单位）或油乳剂（每毫升油含 1 000 国际单位）局部涂抹。

对于严重的病羊，例如有继发性感染时，在局部用药的同时，应全身用磺胺类药物或抗生素，其中以注射磺胺嘧啶或土霉素效果最好。

④ 用浸透了 2% 的福尔马林酒精液纱布塞入蹄叉腐烂处，用药用纱布包扎 24 小时后解开包扎。

⑤ 患重病蹄叉内流脓性分泌物，用高锰酸钾液洗净分泌物，用青霉素粉剂塞蹄叉内用纱布包扎 24 小时后解开包扎。

⑥ 在肉芽形成期，可用 1∶10 土霉素、甘油进行治疗；肉芽过度增生时，可涂用 10% 卤碱软膏或撒用卤碱粉。为了防止硬物的刺激，

可给病蹄包上绷带。

⑦ 用1%的高锰酸钾液，浸泡患处5~10分钟。每天早、晚各1次。

⑧ 先洗净蹄腐烂物后，用5%碘酊涂擦，外部在用松馏油涂上。每天1次。

二十三、传染性结膜角膜炎

俗称“红眼病”，是由嗜血杆菌、立克次氏体引起的反刍家畜的一种急性传染病，损害部位仅限于眼部，使眼结膜和角膜发生明显炎性变化，怕光流泪，结膜潮红充血，眼角流出黏液性或脓性分泌物，少数形成角膜云翳、白斑或造成失明。本病常发于温度较高、蚊蝇较多的夏秋高温季节和空气流通不畅、氨气浓度较高的环境。

（一）病原

引起传染性角膜结膜炎的为摩拉菌属的病菌，摩拉菌主要有羊摩拉菌、牛摩拉菌。摩拉菌为人等恒温动物眼结膜及上呼吸道黏膜等部位的寄生菌。该菌的许多种为条件性致病菌，其不具备高致病性，在环境因素或其他病原体的协同作用下才能引起感染发病，并加重病变和炎症过程。强烈的光照可使感染动物产生典型的临床症状。阳光中的紫外线可增强摩拉菌的致病作用，紫外线的辐射损伤了黏膜组织，降低了动物的抵抗力，细菌可伺机繁殖，引起发病。摩拉菌的抵抗力不强，59 ℃条件经5分钟即可将其杀死。一般的消毒药，在常用浓度下经短时间可杀灭该菌。该菌对多种抗生素敏感。

（二）诊断要点

（1）流行特点　本病主要危害绵羊、山羊，牛、骆驼、鹿等动物也具易感性。发病不分性别和年龄，以幼龄动物发病较多，特别是2岁以下的动物最易感。患病动物和带菌动物是主要传染源。摩拉菌在感染动物的眼、鼻分泌物，呼吸道黏膜中可存在数月。同种动物可通过直接接触，如头部摩擦等方式引起传染。不同种的动物之间一般不能传递病原。被病畜的泪液和鼻分泌物污染的饲料可传播本病。蝇类和某些飞蛾可机械传播病原。

本病多发生于炎热和湿度较高的季节，一旦发生，传播迅速且多呈地方性流行。遇暴晒、风沙、扬尘、蝇类频繁活动时可促进本病的发生和流行。

（2）临床症状 本病潜伏期 3~7 天。患羊一般无全身症状，少见发热。病初羊患眼羞明、流泪，眼睑肿胀、疼痛，稍后角膜凸起，血管充血，结膜和瞬膜红肿，或在角膜上生成白色或灰色小点。严重者角膜增厚，形成角膜瘢痕及角膜翳（图 4-14），甚至发生溃疡。有时发生眼前房积脓或角膜破裂、晶体脱落。多数病例病初为一侧眼发病，后双眼发病。本病病程一般为 20~30 天。当眼球化脓时，患羊体温可能升高，其食欲减退，精神沉郁，产乳量下降。多数病例可痊愈，但往往发生角膜云翳、角膜白斑甚至失明。放牧时病羊由于双目失明而觅食困难，其行动不便，并有滚坡摔伤、摔死情况出现。合并有衣原体感染的，有时可见关节炎、跛行等症状，患羊瞬膜和结膜上形成直径 1~10 毫米的淋巴样滤泡。

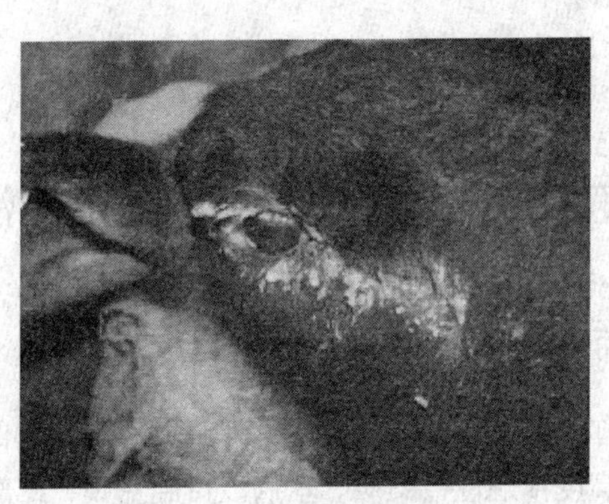

图 4-14 角膜炎形成角膜翳

（3）病理变化 可见结膜水肿、充血、出血。角膜增厚，或凹陷或隆起，呈白斑状或白色混浊。有时可见角膜瘢痕、角膜翳或溃疡。有的眼球组织受到侵害，眼前房积脓或角膜破裂、晶体脱落，形成永久性失明。结膜固有层纤维组织明显充血、水肿和有炎性细胞浸润，纤维组织疏松，呈海绵状，上皮变性、坏死或不同程度脱落。角膜有明显炎症和组织变性。结膜组织含多量淋巴细胞，上皮样细胞之间有中性白细胞。角膜的组织变化表现为上皮增生，固有层弥漫性变性，有些病例的固有层胶原纤维增生和纤维化。应注意羊传染性角膜结膜炎与维生素 A 缺乏症的区别。维生素 A 缺乏症主要发生于冬、春季节或舍饲羊，患羊多出现夜盲症及消化不良等症状。

（三）防治措施

① 病羊隔离，圈舍及时清扫消毒。

② 2%~5% 的硼酸水或淡盐水或 0.01% 呋喃西林洗眼，擦干后可选用红霉素、氯霉素、四环素、2% 黄降汞或 2% 可的松等眼膏点眼。

③ 也可用青霉素或氯霉素加地塞米松 2 毫升、0.1% 肾上腺素 1 毫升混合点眼 2~3 次 / 天。

④ 出现角膜混浊或白内障的，可滴入拨云散；或青霉素 50 万单位加病羊全血 10 毫升，眼睑皮下注射；或 50 万单位链霉素溶液 5 毫升眶上孔注射，2 天 1 次。

第二节　羊的主要病毒病的防治

一、口蹄疫

口蹄疫又称“口疮”、“蹄癀”，是由口蹄疫病毒引起的偶蹄兽的一种急性、热性、高度接触性传染病。本病以口腔黏膜、蹄部和乳房部皮肤发生水疱、溃烂为特征。本病广泛流行于世界各地，传染性极强，不仅直接引起巨大经济损失，而且影响经济贸易活动，对养殖业危害严重。

（一）病原

口蹄疫病毒分类上属于小核糖核酸病毒科，口蹄疫病毒属。核酸类型为单股核糖核酸（RNA），病毒粒子呈球形，不具有囊膜。口蹄疫病毒具有多型性。目前所知有7个主型，即A型、O型、C型、SAT（南非）I型、SAT（南非）Ⅱ型、SAT（南非）Ⅲ型及Asia（亚洲）I型。同一血清型内又有若干个不同的亚型。各血清型之间几乎没有交叉免疫性，同一血清型内各亚型之间仅有部分交叉免疫性。口蹄疫病毒具有相当易变的特征。病毒主要存在于患病动物的水疱液以及淋巴液中。发热期，病畜的血液中病毒的含量高，而退热后在乳汁、口涎、泪液、粪便、尿液等分泌物、排泄物中都含有一定量的病毒。口蹄疫病毒可在多种细胞培养增殖，如犊牛肾细胞、胎猪肾细胞、乳仓鼠肾细胞等，并产生细胞病变。病毒培养方法有单层细胞培养和深层悬浮培养。口蹄疫病毒对外界环境抵抗力强，自然情况下，含毒组织和污染的饲料、牧草、皮毛及土壤等可保持传染性达数日、数周甚至数月之久。口蹄疫病毒对日光、热、酸、碱均很敏感。常用的消毒剂有2%氢氧化钠溶液、20%~30%草木灰水、1%~2%甲醛溶液、0.2%~0.5%过氧乙酸、4%碳酸氢钠溶液等。

（二）诊断要点

（1）流行特点　口蹄疫病毒可侵害多种动物，而以偶蹄兽易感性高。除绵羊、山羊发病外，牛、猪、骆驼以及野生偶蹄兽也能感染发病。人对口蹄疫病毒也具有易感性。病畜和带毒动物为主要传染源。当易感羊群中存在传染源时，病毒常借助于直接接触方式传递；病毒也可以通过各种媒介物而间接接触传递。消化道是主要的感染门户，也可经损伤的皮肤、黏膜感染。近年来证明，呼吸道感染也是重要途径，病毒可随空气流动而传播到很远的地区。新疫区常呈流行性，发病率可达100%；而在老疫区，发病率则较低。口蹄疫在牧区的流行常表现有一定的季节性，一般秋末开始，冬季加剧，春季减缓，夏季平息。易感动物的大批流动，污染的畜产品和饲料的转运，运输工具和饲管用具的任意流动，采用污染的牧场、水源和饲料，非易感动物和人员的随意往来以及兽医卫生防疫措施执行不严等，均是本病发生流行的因素。

（2）临床症状　患羊体温升高，精神不振，食欲低下，常于口腔黏膜、蹄部皮肤上形成水疱、溃疡和糜烂，有时病毒侵害也见于乳房部位（图 4-15、图 4-16、图 4-17）。口腔损害常在唇内面，齿龈、舌面及颌部黏膜发生水疱和糜烂，疼痛、流涎，涎水呈泡沫状。如单纯于口腔发病，一般 1~2 周可望痊愈；而当累及蹄部或乳房时，则 2~3 周方能痊愈。一般是良性经过，死亡率不过 1%~2%。羔羊发病则常表现为急性口蹄疫，发生心肌炎，有时呈出血性胃肠炎而死亡，死亡率可达 20%~50%。

（3）病理变化　病死羊除见口腔、蹄部和乳房部等处出现水疱、烂斑外，严重病例咽喉、气管、支气管和前胃黏膜有时也有烂斑和溃疡形成。前胃和肠道黏膜可见出血性炎症。心包膜有散在出血点。心肌松软，似煮熟状；心肌切面呈现灰白色或淡黄色的斑点或条纹，好似老虎身上的斑纹，称为“虎斑心”（图 4-18）。

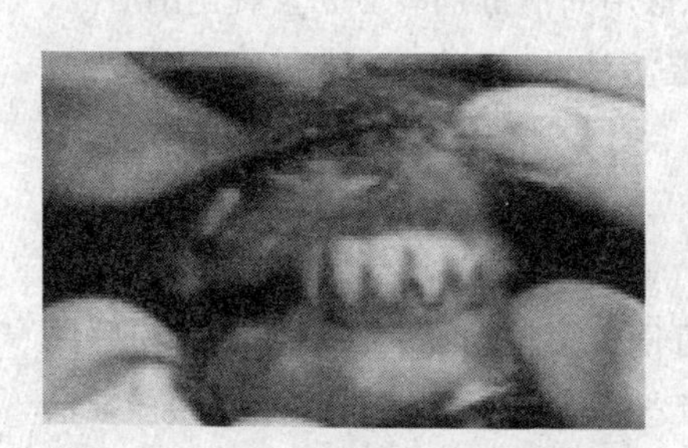

图 4-15　羊口蹄疫口腔水疱、烂斑

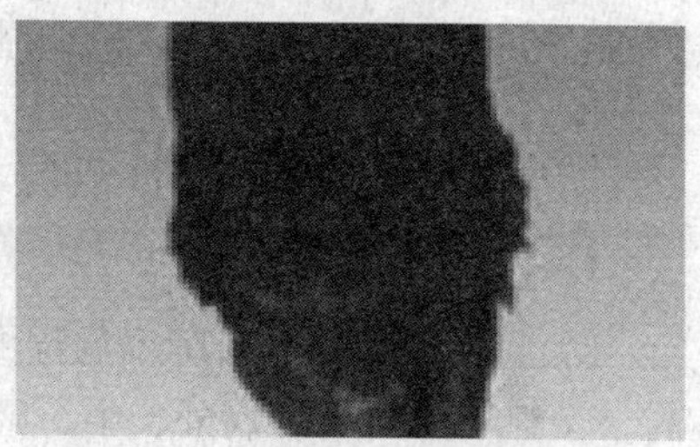

图 4-16　羊口蹄疫蹄溃烂

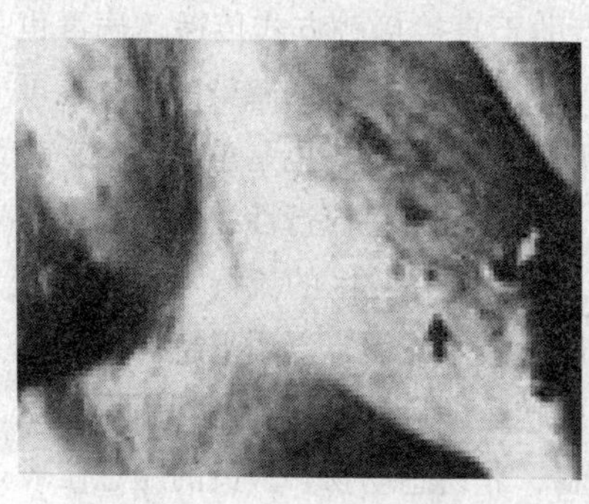

图 4-17　羊口蹄疫乳房结痂

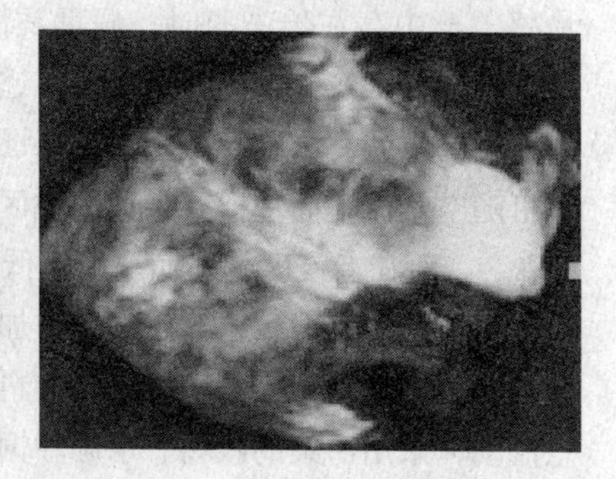

图 4-18　羊口蹄疫虎斑心

（4）类症鉴别　羊口蹄疫应与羊传染性脓疱、蓝舌病等类似疾病进行区别。

① 口蹄疫与羊传染性脓疱的鉴别。羊传染性脓疱主要发生于幼龄羊，病的特征是在口唇部发生水疱、脓疱以及疣状厚痂，病变是增生性的，一般无体温反应。病料电镜观察可发现是编织线团样构造的羊口疮病毒。

② 口蹄疫与蓝舌病的鉴别。口蹄疫是一种高度接触性传染病，而蓝舌病则主要通过库蠓叮咬传播。口蹄疫牛、猪易感性高，均可感染发病；而蓝舌病在牛发病较少，猪一般不感染。口蹄疫的糜烂病灶是因水疱破溃而发生，而蓝舌病的溃疡不是由于水疱破溃后所形成，且缺乏水疱破裂后那样的不规则的边缘。通过血清学试验可区分口蹄疫病毒和蓝舌病病毒。

（三）防治措施

① 无病地区严禁从有病国家或地区购进动物及动物产品、饲料、生物制品等。来自无病地区的动物及其产品，也应进行检疫。检出阳性动物时，全群动物销毁处理，运载工具、动物废料等污染器物应就地消毒。

② 无口蹄疫的地区，一旦发生疫情，应采取果断措施，患病动物和同群动物全部扑杀销毁，被污染的环境严格、彻底消毒。

③ 口蹄疫流行区，坚持免疫接种、用与当地流行毒株同型的口蹄疫灭活疫苗接种动物。

④ 当动物群发生口蹄疫时，应立即上报疫情，确定诊断，划定疫点、疫区和受威胁区，实施隔离封锁措施，对疫区和受威胁区未发病动物进行紧急免疫接种。

二、羊传染性脓疱

羊传染性脓疱俗称“羊口疮”，是由羊口疮病毒引起的绵羊和山羊的一种传染性疾病。本病以患羊口唇等部位皮肤、黏膜形成丘疹、脓疱、溃疡以及疣状厚痂为特征。

（一）病原

羊口疮病毒分类上属于痘病毒科，副痘病毒属。病毒粒子呈砖形或呈椭圆形的线团样（病毒粒子表面是特征性的管状条索斜形交叉，呈编织样外观），一般排列较为规则。核酸类型为双股脱氧核糖核酸（DNA）。羊口疮病毒对外界环境抵抗力强。干燥痂皮内的病毒在夏季日光下经 30~60 天开始丧失其传染性；散落于地面的病毒可以越冬，至来春仍具有感染性。病料在低温冷冻条件下保存，可保持毒力达数年之久。本病毒对高温较为敏感，60℃ 30 分钟即可被灭活。常用的消毒药为 2% 氢氧化钠溶液、10% 石灰乳、20% 热草木灰溶液。

（二）诊断要点

（1）流行特点　本病只危害绵羊和山羊，以 3~6 月龄的羔羊发病为多，常呈群发性流行。成年羊也可感染发病，但呈散发性流行。人也可感染羊口疮病毒。病羊和带毒羊为传染源，主要通过损伤的皮肤、黏膜感染。自然感染是由于引入病羊或带毒羊，或者利用被病羊污染的圈舍或牧场而引起。由于病毒的抵抗力较强，本病在羊群内可连续危害多年。

（2）临床症状和病理变化　潜伏期 4~8 天。本病在临床上一般分为唇型、蹄型和外阴型 3 种病型，也见混合型感染病例。

① 唇型。病羊首先在口角、上唇或鼻镜上出现散在的小红斑，逐渐变为丘疹和小痂节，继而成为水疱或脓疱，破溃后结成黄色或棕色的疣状硬痂。如为良性经过，则经 1~2 周痂皮干燥、脱落而康复。严重病例，患部继续发生丘疹、水疱、脓疱、痂垢，并互相融合，波及整个口唇周围及眼睑和耳郭等部位，形成大面积龟裂、易出血的污秽痂垢。痂垢下伴以肉芽组织增生，痂垢不断增厚，整个嘴唇肿大外翻隆起，影响采食，病羊日趋衰弱。部分病例常伴有坏死杆菌、化脓性病原菌的继发感染，引起深部组织化脓和坏死，致使病情恶化。有些病例口腔黏膜也发生水疱、脓痂和糜烂，使病羊采食、咀嚼和吞咽困难。个别病羊可因继发肺炎而死亡。继发感染的病害可能蔓延至喉、肺以及真胃。

② 蹄型。病羊多见一肢患病，但也可能同时或相继侵害多数甚至全部蹄端。通常于蹄叉、蹄冠或蹄部皮肤上形成水疱、脓疱，破裂后则成为由脓液覆盖的溃疡。如继发感染则发生化脓、坏死，常波及基部、蹄骨，甚至肌腱或关节。病羊跛行，长期卧地，病期缠绵。也可能在肺脏、肝脏以及乳房中发生转移性病灶，严重者衰竭而死或因败血症死亡。

③ 外阴型。外阴型病例较为少见。病羊表现为黏性或脓性阴道分泌物，在肿胀的阴唇及附近皮肤上发生溃疡；乳房和乳头皮肤（多系病羔吮乳时传染）上发生脓疱、烂斑和痂垢；公羊则表现为阴囊鞘肿胀，出现脓疱和溃疡。

（3）类症鉴别　本病与羊痘、坏死杆菌病等类似疾病相鉴别。

① 羊传染性脓疱与羊痘的鉴别。羊痘的痘疹多为全身性，而且病羊体温升高，全身反应严重。痘疹结节是圆形突出于皮肤表面，界限明显，似脐状。

② 羊传染性脓疱与坏死杆菌病的鉴别。坏死杆菌病主要表现为组织坏死，一般无水疱病变，也无疣状增生物。进行细菌学检查和动物试验即可区别。

（三）防治措施

① 勿从疫区引进羊或购入饲料、畜产品。引进羊须隔离观察 2~3 周，严格检疫，同时应将蹄部多次清洗、消毒，证明无病后方可混入大群饲养。

② 保护羊的皮肤、黏膜勿受损伤，捡出饲料和垫草中的芒刺。加喂适量食盐，以减少羊只啃土啃墙，防止发生外伤。

③ 本病流行区用羊口疮弱毒疫苗进行免疫接种，使用疫苗毒株型应与当地流行毒株相同。也可在严格隔离的条件下，采集当地自然发病羊的痂皮回归易感羊制成活毒疫苗，对未发病羊的尾根无毛部进行划痕接种，10 天后即可产生免疫力，保护期可达 1 年左右。

④ 病羊可先用水杨酸软膏将痂垢软化，除去痂垢后再用 0.1%~0.2% 高锰酸钾溶液冲洗创面，然后涂 2% 龙胆紫、碘甘油溶液或土霉

素软膏，每日1~2次，至痊愈。蹄型病羊则将蹄部置5%~10%福尔马林溶液中浸泡1分钟，连续浸泡3次；也可隔日用3%龙胆紫溶液、1%苦味酸溶液或土霉素软膏涂拭患部。

三、狂犬病

狂犬病俗称“疯狗病”，又名“恐水病”，是由狂犬病病毒引起的多种动物共患的急性接触性传染病。本病以神经调节障碍、反射兴奋性增高、发病动物表现狂躁不安、意识紊乱为特征，最终发生麻痹而死亡。

（一）病原

狂犬病病毒分类上属弹状病毒科，狂犬病病毒属。病毒的核酸类型为单股RNA，在电镜下观察病毒粒子为圆柱体形，底部平，另一端钝圆，呈试管状或子弹状。狂犬病病毒在动物体内主要存在于中枢神经特别是海马角、大脑皮层、小脑等细胞和唾液腺细胞内，并于胞浆内形成对狂犬病为特异的包涵体，称为内基氏小体，呈圆形或卵圆形，染色后呈嗜酸性反应。病毒可在大鼠、小鼠、家兔和鸡胚等脑组织以及仓鼠肾、猪肾等细胞中培养增殖。狂犬病病毒对过氧化氢、高锰酸钾、新洁尔灭、来苏儿等消毒药敏感，1%~2%肥皂水、70%酒精、0.01%碘液、丙酮、乙醚等能使之灭活。

（二）诊断要点

（1）流行特点　本病以犬类易感性最高，羊和多种家畜及野生动物均可感染发病，人也可感染。传染源主要是患病动物以及潜伏期带毒动物，野生的犬科动物（如野犬、狼、狐等）常成为人、畜狂犬病的传染源和自然保毒宿主。患病动物主要经唾液腺排出病毒，以咬伤为主要传播途径，也可经损伤的皮肤、黏膜感染。经呼吸道和口腔途径感染均已得到证实。本病一般呈散发性流行，一年四季都有发生，但以春末夏初多见。

（2）临床症状　潜伏期的长短与感染部位有关，最短8天，长的达1年以上。本病在临床上分为狂暴型和沉郁型两种。

狂暴型病畜初精神沉郁，反刍减少、食欲降低，不久表现起卧不安，出现兴奋性和攻击性动作，冲撞墙壁，磨牙流涎，性欲亢进，攻击人畜等。患病动物常舔咬伤口，使之经久不愈，后期发生麻痹，卧地不起，衰竭而死。

沉郁型病例多无兴奋期或兴奋期短，很快转入麻痹期，出现喉头、下颌、后躯麻痹，动物流涎、张口、吞咽困难，最终卧地不起而死亡。

（3）病理变化　尸体常无特异性变化，病畜消瘦，一般有咬伤、裂伤，口腔黏膜、咽喉黏膜充血、糜烂。组织学检查有非化脓性脑炎，可在神经细胞的胞浆内检出嗜酸性包涵体。

（4）类症鉴别　狂犬病常需与日本乙型脑炎、伪狂犬病等疾病进行临床区别，主要通过实验室诊断方法区别。当人、畜被可疑病犬或动物咬伤时，应对可疑动物拘禁观察或扑杀，取病料进行包涵体检查、病毒分离鉴定和血清学试验诊断。

（三）防治措施

① 扑杀野犬、病犬及拒不免疫的犬类，加强犬类管理，养犬须登记注册，并进行免疫接种。

② 疫区和受威胁区的羊只以及其他动物用狂犬病弱毒疫苗进行免疫接种。

③ 加强口岸检疫，检出阳性动物就地扑杀无害化处理。进口犬类必须有狂犬病的免疫证书。

④ 当人和家畜被患有狂犬病的动物或可疑动物咬伤时，迅速用清水或肥皂水冲洗伤口，再用0.1%升汞溶液、碘酒、酒精溶液等消毒防腐处理，并用狂犬病疫苗进行紧急免疫接种。有条件时可用狂犬病免疫血清进行预防注射。

四、伪狂犬病

伪狂犬病又名“奥耶斯基氏病”、“传染性延髓麻痹”、“奇痒病”，是由伪狂犬病病毒引起的家畜和野生动物共患的一种急性传染病。为损害神经系统的急性传染病，绵羊和山羊均可发生。

（一）病原

病原为伪狂犬病病毒，又称为阿氏病病毒，在分类上属疱疹病毒科异型病毒属的猪疱疹病毒。可引起多种家畜及野生动物的急性传染病。伪狂犬病病毒在 pH 值为 5~7 稳定，在甘油盐溶液或脱脂乳中于冰冻条件下可保持其传染性，在含有 1% 血清白蛋白、pH 值 7.5 的 Tris 液中，于 −70℃能更好地保存。此病毒能被 X 射线和紫外线灭活，对脂溶剂（乙醚、氯仿等）非常敏感，对胰蛋白酶、5% 石炭酸、氢氧化钠敏感，0.5% 石灰乳、2% 福尔马林可很快使病毒灭活。病毒在发病初期存在于血液、乳汁、尿液以及脏器中，而在疾病后期主要存在于中枢神经系统。

（二）诊断要点

（1）流行特点　自然感染见于牛、绵羊、山羊、猪、猫、犬以及多种野生动物，鼠类也可自然发病。成年猪感染多呈隐性经过。病畜、带毒家畜以及带毒鼠类为本病的主要传染源。感染猪和带毒鼠类是伪狂犬病病毒重要的天然宿主。羊或其他动物感染多与带毒的猪、鼠接触有关。感染动物通过鼻液、唾液、乳汁、尿液等各种分泌物、排泄物排出病毒，污染饲料、牧草、饮水、用具及环境。本病主要通过消化道、呼吸道途径感染，也可经受伤的皮肤、黏膜以及交配传染，或者通过胎盘、哺乳发生垂直传染。本病一般呈地方性流行或流行性，以冬季、春季发病为多。

（2）症状　在自然条件下，潜伏期平均为 2~15 天。病羊主要呈现中枢神经系统受损害的症状。体温升高到 41.5℃，呼吸加快，精神沉郁。唇部、眼睑及整个头部迅速出现剧痒，病畜常摩擦发痒部位。病羊运动失调，常做跳跃状或向前呆望。结膜有严重炎症，口腔排出泡沫状唾液，鼻腔流出浆液性黏性分泌物。病羊身体各部肌内出现痉挛性收缩，迅速发展至咽喉麻痹及全身性衰弱。病程 2~3 天，死亡率很高。

（3）剖检　皮肤擦伤处脱毛、水肿，其皮下组织有浆液性或浆性出血性浸润。病理组织学检查，中枢神经系统呈弥漫非化脓性脑膜脑脊髓炎及神经节炎。病变部位有明显的周围血管套以及弥漫的灶性胶质增生，同时伴有广泛的神经节细胞及胶质细胞坏死。神经细胞核内可见到类似尼小体的包涵体。

（4）类症鉴别　伪狂犬病常与李氏杆菌病、狂犬病等类似疾病进行区别诊断。

① 伪狂犬病与李氏杆菌病的鉴别。羊感染李氏杆菌病后，一般无皮肤瘙痒症状。血液涂片染色镜检，可见单核细胞增多。病料镜检观察，可发现革兰氏阳性的李氏杆菌。病料悬液接种家兔，不出现特殊的奇痒症状。

② 伪狂犬病与狂犬病的鉴别。狂犬病患畜一般有被患病动物咬伤的病史，病畜兴奋时多有攻击性行为。病料悬液皮下接种家兔，通常不易感染。脑内接种，发病后无皮肤瘙痒症状。

（三）防治措施

① 病愈羊血清中含有抗体，能获得长时期的免疫力。狂犬病与伪狂犬病无交叉免疫。在发病羊场，可使用伪狂犬病疫苗，作两次肌内注射，间隔 6~8 天，注射部位为大腿内侧或颈部（第一次左侧，第二次改为右侧）。接种量：1~6 个月龄的羊只，第一次接种 2 毫升，第二次 3 毫升；6 月龄以上的羊只，第一次和第二次均接种 5 毫升。

② 羊群中发现伪狂犬病后，应立即隔离病羊，停止放牧，严格地进行圈舍消毒。

③ 与病羊同群或同圈的其他羊只应注射免疫血清。当出现新病例时，经 14 天后，再注射一次免疫血清。如果没有出现新病例，应对所有羊只进行疫苗接种。

④ 进行灭鼠，避免与猪接触，防止散播病毒。

⑤ 治疗用伪狂犬病免疫血清或病愈家畜的血清可获得良好效果，但必须在潜伏期或前驱期使用。应用硫酸镁、水合氯醛、酒精以及青霉素和磺胺噻唑钠等都无疗效。

五、绵羊痘

绵羊痘又名绵羊“天花”，是由绵羊痘病毒引起的一种急性、热性、接触性传染病。本病以无毛或少毛部位皮肤、黏膜发生痘疹为特征。典型绵羊痘病程一般初为红斑、丘疹，后变为水疱、脓疱，最后结成痂，脱落而痊愈。病羊发热并有较高的死亡率。

（一）病原

绵羊痘病毒分类上属于痘病毒科，山羊痘病毒属。病毒核酸类型为DNA，病毒粒子呈砖形或椭圆形。病毒主要存在于病羊皮肤、黏膜的丘疹、细胞以及痘皮内，病羊的分泌物内也含有病毒，发热期血液内也有病毒存在。病毒可于绵羊、山羊、犊牛等睾丸细胞和肾细胞以及幼仓鼠肾细胞内增殖，并产生细胞病变。病毒也可经绒毛尿囊膜途径接种于发育的鸡胚内增殖。通常可于增殖细胞内产生包涵体。本病毒对直射阳光、高热较为敏感，碱性消毒药及常用的消毒剂均有效，2% 石炭酸 15 分钟可灭活病毒，但耐干燥，干燥的痘皮中病毒可存活 6~8 周。

（二）诊断要点

（1）流行特点　自然条件下，绵羊痘只发生于绵羊，不传染给山羊和其他家畜。病羊和带毒羊为主要传染源，主要通过呼吸道传播，也可经损伤的皮肤、黏膜感染。饲养人员、饲管用具、皮毛产品、饲草、垫料以及外寄生虫均可成为传播媒介。绵羊痘是各种家畜痘病中危害最严重的传染病，羔羊发病、死亡率高，妊娠母羊可发生流产，故产羔季节流行，可招致很大损失。本病一般于冬末春初多发。气候寒冷、雨雪、霜冻、饲料缺乏、饲管不良、营养不足等因素均可促发本病。

（2）临床症状　潜伏期平均 6~8 天。流行初期只有个别羊发病，以后逐渐蔓延至全群。病羊体温升高达 41~42℃，精神不振，食欲减退，并伴有可视黏膜卡他性、脓性炎症。经 1~4 天后，开始发痘。痘疹多发生于皮肤、黏膜无毛或少毛部位（图 4-19），如眼周围、唇、鼻、颊、四肢内侧、阴唇、乳房、阴囊以及包皮上。开始为红斑，1~2

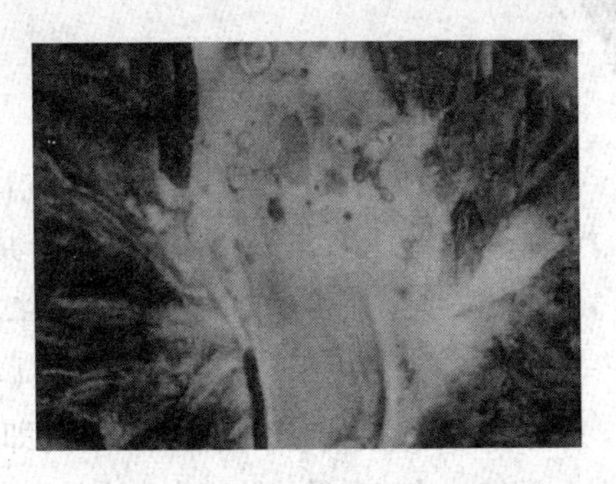

图 4–19　绵羊痘皮肤痘疹

天后形成豆疹，凸出于皮肤表面，坚实而苍白。随后，丘疹逐渐扩大，变为灰白色或淡红色半球状隆起的结节。结节在 2~3 天变成水痘，水痘内容物逐渐增多，中央凹陷呈脐状。在此期间，体温稍有下降。由于白细胞的渗入，水痘变为脓性，不透明，成为脓疱。化脓期间体温再度升高。如无继发感染，则几日内脓痘干缩成为褐色斑块，脱落后遗留微红色或苍白色的瘢痕，经 3~4 周痊愈。

非典型病例不呈现上述典型症状或经过。有些病例，病程发展到丘疹期而终止，即所谓“顿挫型”经过。少数病例，因发生继发感染，痘疱出现化脓和坏疽，形成较深的溃疡，发出恶臭，常为恶性经过；病死率可达 25%~50%。

（3）病理变化　特征性病变是在咽喉、气管、肺和第四胃等部位出现痘疹。在消化道的嘴唇、食道、胃肠等黏膜上出现大小不同的扁平的灰白色痘疹，其中有些表面破溃形成糜烂和溃疡，特别是唇黏膜与胃黏膜表面更明显。但气管黏膜及其他实质器官，如心脏、肾脏等黏膜或包膜下则形成灰白色扁平或半球形的结节，特别是肺的病变与腺瘤很相似，多发生在肺的表面，切面质地均匀，但很坚硬，数量不定，性状则一致。在这种病灶的周围有时可见充血和水肿等。

（4）类症鉴别　本病在临床上应与羊传染性脓疱、羊螨病等类似疾病进行区别。

① 绵羊病痘与羊传染性脓疱的鉴别。羊传染性脓疱全身症状不明显，病羊一般无体温反应，病变多发生于唇部及口腔（蹄型和外阴型病例少见），很少波及躯体部皮肤，垢下肉芽组织增生明显。

② 绵羊痘与螨病的鉴别。螨病的痂皮多为黄色麸皮样，而痘疱的痂皮则呈黑褐色，且坚实硬固。此外，从疥癣皮肤患处以及痂皮内可检出螨。

（三）防治措施

① 加强饲养管理，勿从疫区引进羊和购入羊肉、皮毛产品。抓膘保膘，冬春季节适当补饲，注意防寒保暖。

② 疫区坚持免疫接种，使用羊痘鸡胚化弱毒疫苗，大小羊只一律尾部或股内侧皮内注射 0.5 毫升，4~6 天产生免疫力，保护期 1 年。

③ 发生疫情时，划区封锁，立即隔离病羊，彻底消毒环境，病死羊尸体深埋。疫区和受威胁区未发病羊用鸡胚化弱毒疫苗实施紧急免疫接种。

④ 治疗应在严格隔离的条件下进行，防止病原扩散。皮肤上的痘疮，涂碘酊或紫药水；黏膜上的病灶，用 0.1% 高锰酸钾溶液充分冲洗后，涂拭碘甘油或紫药水。继发感染时，肌内注射青霉素 80 万 ~160 万单位，连用 2~3 日；也可用 10% 磺胺嘧啶钠 10~20 毫升，肌内注射 1~3 次。有条件时可用羊痘免疫血清治疗，每只羊皮下注射 10~20 毫升，必要时重复用药 1 次。

六、山羊痘

由山羊痘病毒引起的热性接触性传染病。以全身皮肤、有时也在黏膜上出现典型痘疹为特征。OIE 将其列为 A 类疫病。

（一）病原学

山羊痘病毒均为痘病毒科山羊痘病毒属的成员。该病毒是一种亲上皮性的病毒，大量存在于病羊的皮肤、黏膜的丘疹、脓疮及痂皮内。鼻黏膜分泌物也含有病毒，发病初期血液中也有病毒存在。

痘病毒对热的抵抗力不强，55℃ 20 分钟或 37℃ 24 小时均可使病毒灭活；病毒对寒冷及干燥的抵抗力较强，冻干的至少可保存 3 个月以上；在毛中保持活力达 2 个月，在开放羊栏中达 6 个月。

（二）诊断要点

（1）*流行病学*　本病主要通过呼吸道感染，病毒也可通过损伤的皮肤或黏膜侵入机体。饲养管理人员、护理用具、皮毛产品、饲料、垫草和寄生虫等都可成为传播的媒介。

羊痘广泛流行于养羊地区，传播快，发病率高。不同品种、性别和年龄的羊均可感染，但细毛羊较粗毛羊、羔羊较成年羊有更高的易感性，病情亦较后者重。在自然条件下，绵羊痘主要感染绵羊；山羊痘则可感染山羊和绵羊。

本病流行于冬末春初。气候严寒、雨雪、霜冻、枯草和饲养管理不良等因素，都可促进发病和加重病情。

（2）临床症状　潜伏期平均为6~8天。《陆生动物卫生法典》规定为21天。典型羊痘，分前驱期、发痘期、结痂期。病初体温升高，达41~42℃，呼吸加快，结膜潮红肿胀，流黏液脓性鼻汁。经1~4天后进入发痘期。痘疹多见于无毛部或被毛稀少部位，如眼睑、嘴唇、鼻部、腋下、尾根以公羊阴鞘、母羊阴唇等处，先呈红斑，1~2天后形成丘疹，凸出皮肤表面（图4-20），随后形成水疱，此时体温略有下降，再经2~3天后，由于白细胞集聚，水疱变为脓疱，此时体温再度上升，一般持续2~3天。在发痘过程中，如没有其他病菌继发感染，脓疱破溃后逐渐干燥，形成痂皮，即为结痂期，痂皮脱落后痊愈。

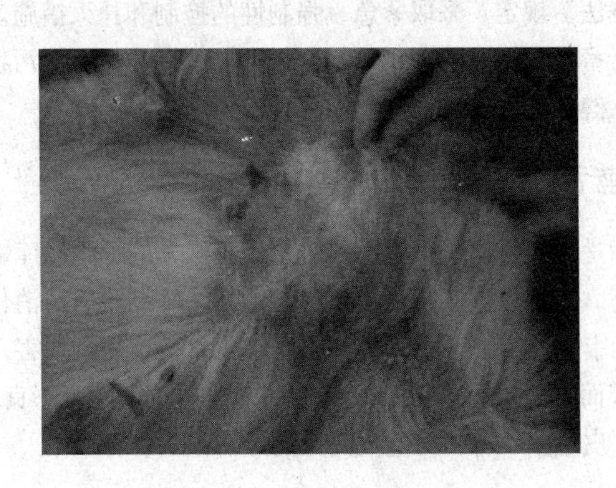

图4-20　皮肤上的痘疹

顿挫型羊痘。常呈良性经过。通常不发烧，痘疹停止在丘疹期，呈硬结状，不形成水疱和脓疱，俗称“石痘”。

非典型羊痘。全身症状较轻。有的脓疱融合形成大的融合痘（臭痘）；脓疱伴发出血形成血痘（黑痘）；脓疱伴发坏死形成坏疽痘。重症病羊常继发肺炎和肠炎，导致败血症或脓毒败血症而死亡。

（3）病理变化　特征性病变是在咽喉、气管、肺和第四胃等部位出现痘疹。在消化道的嘴唇、食道、胃肠等黏膜上出现大小不同的扁平的灰白色痘疹，其中有些表面破溃形成糜烂和溃疡，特别是唇黏膜与胃黏膜表面更明显。但气管黏膜及其他实质器官，如心脏、肾脏等黏膜或包膜下则形成灰白色扁平或半球形的结节，特别是肺的病变与腺瘤很相似，多发生在肺的表面，切面质地均匀，但很坚硬，数量不定，性状则一致。在这种病灶的周围有时可见充血和水肿等。

（4）鉴别诊断　应与羊传染性脓疱鉴别。

（三）防治措施

（1）预防　采用弱毒疫苗接种预防。平时加强饲养管理，抓好秋膘，特别是冬春季节适当补饲，注意防寒过冬。

（2）处理　一旦发现病畜，立即向上报告疫情，按《中华人民共和国动物防疫法》规定，采取紧急、强制性的控制和扑灭措施。扑杀病羊深埋尸体。畜舍、饲养管理用具等进行严格消毒，污水、污物、粪便无害化处理，健康羊群实施紧急免疫接种。

七、蓝舌病

蓝舌病是由蓝舌病病毒引起的主要侵害绵羊的一种以库蠓为传播媒介的传染病。本病以发热，消瘦，口腔黏膜、鼻黏膜以及消化道黏膜等发生严重的卡他性炎症为特征，病羊蹄部也常发生病理损害，因蹄真皮层遭受侵害而发生跛行。由于病羊特别是羔羊长期发育不良以及死亡、胎儿畸形、皮毛损坏等，可造成巨大的经济损失。

（一）病原

蓝舌病病毒分类上属于呼肠孤病毒科，环状病毒属。病毒核酸类型为双股 RNA。就目前所知，蓝舌病病毒有 24 个血清型，各血清型之间缺乏交互免疫性。本病毒可在鸡胚内增殖，一般经卵黄囊或血管途径接种；病毒也可于乳小鼠和仓鼠脑内接种增殖；羊肾、胎牛肾、犊牛肾、小鼠肾原代和继代细胞均可培养增殖蓝舌病病毒并产生细胞病变。病毒主要存在于病畜的血液以及各脏器之中，康复动物的体内存在达 4~5 个月之久。蓝舌病病毒抵抗力强，50% 甘油中可存活多年，对 2%~3% 氢氧化钠溶液敏感。

（二）诊断要点

（1）流行特点　蓝舌病病毒主要感染绵羊，所有品种的绵羊均可感染，而以纯种的美利奴羊更为敏感。牛、山羊和其他反刍动物包括鹿、羚羊、沙漠大角羊等野生反刍动物也可感染本病，但临床症状轻缓或无明显症状，而以隐性感染为主。仓鼠、小鼠等实验动物可感染蓝舌病病毒。病羊和病后带毒羊为传染源，隐性感染的其他反刍动物也是危险的传染来源。本病主要通过媒介昆虫库蠓叮咬传播。本病的分布多与库蠓的分布、习性及生活史密切相关。因此，蓝舌病多发生于湿热的晚春、夏季、秋季和池塘、河流分布广的潮湿低洼地区，也即媒介昆虫库蠓大量滋生、活动的季节和地区。

（2）临床症状　潜伏期为 3~8 天病初体温升高达 40.5~41.5℃，稽留 5~6 天表现厌食、委顿，落后于羊群。流涎，口唇水肿，蔓延到面部和耳部，甚至颈部、腹部。口腔黏膜充血，后发绀，呈青紫色。在发热几天后，口腔连同唇、齿龈、颊、舌黏膜糜烂，致使吞咽困难；随着病情的发展，在溃疡损伤部位渗出血液，唾液呈红色，口腔发臭。鼻流炎性、黏性分泌物，鼻孔周围结痂，引起呼吸困难和鼾声。有时蹄冠、蹄叶发生炎症，触之敏感，呈不同程度的跛行，甚至膝行或卧地不动。病羊消瘦、衰弱，有的便秘或腹泻，有时下痢带血，早期有白细胞减少症。病程一般为 6~14 天，发病率 30%~40%，病死率 2%~3%，有时可高达 90%。患病不死的经 10~15 天痊愈，6~8 周后蹄部也恢复。怀孕 4~8 周的母羊遭受感染时，其分娩的羔羊中约有 20% 发育缺陷，如脑积水、小脑发育不足、回沟过多等。

（3）病理变化　主要见于口腔、瘤胃、心、肌肉、皮肤和蹄部。口

腔出现糜烂和深红色区，舌、齿龈、硬腭、颊黏膜和唇水肿。瘤胃有暗红色区，表面有空泡变性和坏死。真皮充血、出血和水肿。肌肉出血，肌纤维变性，有时肌间有浆液和胶冻样浸润。呼吸道、消化道和泌尿道黏膜及心肌、心内外膜均有小点出血。严重病例，消化道黏膜有坏死和溃疡。脾脏通常肿大。肾和淋巴结轻度发炎和水肿，有时有蹄叶炎变化。

（4）类症鉴别　羊蓝舌病通常应与口蹄疫、羊传染性脓疱等疾病进行区别。

① 蓝舌病与口蹄疫的鉴别。口蹄疫为高度接触传染性疾病，牛、猪易感性强，感染发病临床症状典型而明显。蓝舌病则主要通过库蠓叮咬传播，且蓝舌病病毒不感染猪，人工接种不能使豚鼠感染。口蹄疫的糜烂性病理损害是由于水疱破溃而发生，蓝舌病虽有上皮脱落和糜烂，但不形成水肿。

② 蓝舌病与羊传染性脓疱的鉴别。羊传染性脓疱在羊群中以幼龄羊发病率为高，患病羊口唇、鼻端出现丘疹和水疱，破溃以后形成疣状厚痂，痂皮下为增生的肉芽组织。病羊特别是年龄较大者，一般没有最严重的全身症状，无体温反应。采集局部病变组织进行电镜复染检查，可发现呈线团样编织构造的典型羊口疮病毒。

（三）防治措施

① 加强口岸检疫和运输检疫，严禁从有本病的国家和地区引进牛、羊及其冻精、胚胎。为防止本病传入，进口动物应选在媒介昆虫不活动的季节。

② 加强国内疫情监测，非疫区一旦发生本病，要采取果断措施，扑杀、无害化处理发病羊和同群动物，污染的环境严格消毒。

③ 在流行地区可在每年发病季节前 1 个月接种疫苗；在新发病地区可用疫苗进行紧急接种。目前所用疫苗有弱毒疫苗、灭活疫苗和亚单位疫苗，以弱毒疫苗比较常用，二价或多价疫苗可产生相互干扰作用，因此二价或多价疫苗的免疫效果会受到一定影响。控制、消灭本病媒介昆虫——库蠓，防止其叮咬家畜，夏秋季节提倡在高燥地区放牧并驱赶畜群回圈舍过夜。

④ 对病畜要精心护理，严格避免烈日风雨，给以易消化的饲料，

每天用温和的消毒液冲洗口腔和蹄部。预防继发感染可用磺胺药或抗生素，有条件时病畜或分离出病毒的阳性畜应予以扑杀；血清学阳性畜，要定期复检，限制其流动，就地饲养使用，不能留作种用。

八、山羊关节炎——脑炎

山羊关节炎—脑炎是由山羊关节炎—脑炎病毒引起的山羊的一种慢性病毒性传染病。其主要特征是成年山羊呈缓慢发展的关节炎，间或伴有间质性肺炎和间质性乳房炎；2~6月龄羔羊表现为上行性麻痹的神经症状。本病最早可追溯到瑞士（1964）和德国（1969），称为山羊肉芽肿性脑脊髓炎、慢性淋巴细胞性多发性关节炎、脉络膜—虹膜睫状体炎，实际上与20世纪70年代美国山羊病毒性白质脑脊髓炎在症状上相似。1980年Crawford等人从美国一患慢性关节炎的成年山羊体内分离到一株合胞体病毒，接种SPF山羊复制本病成功，证明上述病是该同一病毒引起的，统称为山羊关节炎—脑炎

（一）病原

山羊关节炎—脑炎病毒（CAEV）为有囊膜的RNA病毒，属反录病毒科慢病毒亚科，其基因组在感染细胞内由逆转录酶转录成DNA，再整合到感染细胞的DNA中成为前病毒，成为新的病毒粒子。

CAE病毒和梅迪－维斯拉病毒可以通过分析基因组核酸序列进行区别。这两个病毒的核酸序列在非常特异的杂交条件下有15%~30%的同源性。

以关节液、乳汁作接种用感染材料，病毒的分离率可达90%以上，而血清中病毒含量甚微，一般常用山羊胎儿滑膜（SM）细胞作CAEV的分离鉴定。病羊关节滑膜及腱鞘移植物，或各种感染组织与SM单层细胞混合培养物中易分离出CAEV。毒价测定常以合胞体的形成作为判定标准。通常感染病毒的剂量不能完全破坏SM单层细胞。CAEV可在山羊原代细胞（如肺、乳房组织、滑膜）上增殖形成合胞体。CAEV毒株也能在绵羊（肺）细胞上复制产生合胞体。

该病毒能在喜马拉雅山羚羊卵巢细胞系、山羊睾丸细胞、绵羊胎肺

细胞和角膜细胞、蝙蝠肺细胞、MDBK和MDCK细胞系中复制，但不引起细胞病变。SM细胞感染后，经15~20小时的潜伏期后，开始迅速增殖，96小时达到高峰。初期病毒滴度低，感染后24小时细胞开始融合，镜检发现感染细胞常高度空泡化并多为多核细胞。5~6天细胞层上布满大小不一的多核巨细胞。

本病毒在环境中相对较脆弱，56℃ 1小时可以完全灭活奶和初乳中的病毒。

（二）诊断要点

（1）流行特点　山羊是本病的主要易感动物。自然条件下，本病只在山羊之间相互传染发病，绵羊不感染。病羊和隐性带毒羊为主要传染源。感染羊可通过粪便、唾液、呼吸道分泌物、阴道分泌物、乳汁等排出病毒，污染环境。病毒主要经吮乳而感染羔羊，污染的牧草、饲料、饮水以及用具、器物可成为传播媒介，消化道是主要的感染途径。各种年龄的羊均有易感性，而以成年羊感染发病居多。感染母羊所产羔羊当年发病率为16%~19%，病死率高达100%，感染羊在良好的饲养管理条件下，多不出现临床症状或症状不明显，只有通过血清学检查，才被发现。饲养管理不良、长途运输或遭受到环境应激因素的刺激，则表现出临床症状。

（2）临床症状　依据临床表现，一般分为3种病型；脑脊髓炎型、关节炎型和肺炎型，多为独立发生。

① 脑脊髓炎型。潜伏期53~131天。脑脊髓炎型主要发生于2~6月龄山羊羔，也可发生于较大年龄的山羊。病初羊精神沉郁、跛行，随即四肢僵硬，共济失调，一肢或数肢麻痹，横卧不起，四肢划动。有些病羊眼球震颤，角弓反张，头颈歪斜或转圈运动，有时面神经麻痹，吞咽困难或双目失明。少数病例兼有肺炎或关节炎症状。病程半月至数年，最终死亡。

② 关节炎型。关节炎多发生于1岁以上的成年山羊，多见腕关节肿大、跛行，膝关节和跗关节也可发生炎症。一般症状缓慢出现，病情逐渐加重，也可突然发生。发炎关节周围的软组织水肿，起初发热、波

动，疼痛敏感，进而关节肿大，活动不便，常见前肢跪地膝行。个别病羊肩前淋巴结和腘淋巴结肿大。发病羊多因长期卧地、衰竭或继发感染而死亡。病程较长，1~3 年。

③ 肺炎型。肺炎型病例在临床上较为少见。患羊进行性消瘦，衰弱，咳嗽，呼吸困难，肺部叩诊有浊音，听诊有湿啰音。各种年龄的羊均有发生，病程 3~6 个月。

除上述 3 种病型外，哺乳母羊有时发生间质性乳房炎。

（3）病理变化　病变多见于神经系统、四肢关节、肺脏及乳房。

① 脑脊髓炎型。小脑和脊髓的白质有 5 毫米大小的棕红色病灶。组织病理学观察，呈现中枢神经系统的非化脓性脑炎以及颈部脊髓的脱髓鞘现象。

② 关节炎型。发病关节肿胀、波动，皮下浆液渗出。关节滑膜增厚并有出血点。滑膜常与关节软骨粘连。关节腔扩张，充满黄色或粉红色液体，内有纤维素絮状物。病理组织学检查呈慢性滑膜炎，淋巴细胞和单核细胞浸润，严重者发生纤维蛋白坏死。

③ 肺炎型。肺脏轻度肿大，质地变硬，表面散在灰白色小点，切面呈斑块状实变区。支气管淋巴结和纵膈淋巴结肿大。病理组织学检查发现细支气管以及血管周围淋巴细胞、单核细胞浸润，肺泡上皮增生，小叶间结缔组织增生，邻近细胞萎缩或纤维化。

乳腺炎病例，病理组织学检查可见血管、乳导管周围以及腺叶间有大量淋巴细胞、单核细胞和噬细胞渗出，间质常发生局灶性坏死。少数病例肾脏表面有 1~2 毫米灰白色小点，组织学检查表现为广泛性肾小球肾炎。

（4）类症鉴别　山羊关节炎—脑炎通常须与梅迪—维斯纳病进行鉴别。自然情况下，山羊关节炎—脑炎只感染山羊，梅迪—维斯纳病主要感染绵羊，也可感染山羊。通过病毒基因组核酸序列分析，可对两种病毒进行区别。

（三）防治措施

本病目前尚无疫苗和有效治疗方法。防治疗本病主要以加强饲养管理和采取综合性防疫卫生措施为主。加强检疫，禁止从疫区（疫场）引进种羊；引进种羊前，应先作血清学检查，运回后隔离观察1年，其间再做两次血清学检查（间隔半年），均为阴性时才可混群。采取检疫、扑杀、隔离、消毒和培育健康羔羊群的方法对感染羊群实行净化。羊群严格分圈饲养，一般不予调群；羊圈除每天清扫外，每周还要消毒1次（包括饲管用具），羊奶一律消毒处理；怀孕母羊加强饲养管理，使胎儿发育良好，羔羊产后立刻与母羊分离，用消毒过的喂奶用具喂以消毒羊奶或消毒牛奶，至2月龄时开始进行血清学检查，阳性者一律淘汰。在全部羊只至少连续2次（间隔半年）呈血清学阴性时，方可认为该羊群已经净化。

九、痒病

痒病又称慢性传染性脑炎，又名“驴跑病”、“瘙痒病”或“震颤病”，是由痒病朊病毒引起的成年绵羊（也可见于山羊）的一种缓慢发展的中枢神经系统变性疾病。临诊特征是潜伏期特别长，患病动物共济失调，皮肤剧痒，精神委顿，麻痹，衰弱，瘫痪，最终死亡。痒病是历史最久的传染性海绵状脑病，可谓传染性海绵状脑病的原型。羊群遭受本病感染后，很难清除，几乎每年都有不少羊因患该病死亡或被淘汰。痒病的危害不仅造成羊群死亡淘汰损失，更重要的是失去了活羊、羊精液、羊胚胎以及有关产品的市场，对养羊业危害极大。

（一）病原

痒病的病原体具有与普通病原微生物不同的生物学特性，目前定名为朊病毒，或称蛋白侵染因子，迄今未发现其含有核酸。痒病朊病毒可人工感染多种实验动物。动物机体感染后不发热，不产生炎症，无特异性免疫应答反应。痒病朊病毒对各种理化因素抵抗力强，紫外线照射、离子辐射以及热处理均不能使朊病毒完全灭活。在37℃经20%福尔马林处理18小时、0.35%福尔马林处理3个月不完全灭活。在10%~20%福尔马林溶液中可存活28个月。感染脑组织在4℃条件下经12.5%戊二醛或19%过氧乙酸作用16小时也不完全灭活。在20℃

条件下置于100%乙醇内2周仍具有感染性。发病动物的脑悬液可耐受pH值为2.1~10.5环境达24小时以上。痒病朊病毒不被多种核酸酶（RNA酶和DNA酶）灭活。5摩尔/升氢氧化钠、90%苯酚、5%次氯酸钠、碘酊、6~8摩尔/升尿素、1%十二烷基磺酸钠对痒病病原体有很强的灭活作用。

（二）诊断要点

（1）流行特点　不同性别、品种的羊均可发生痒病，但品种间存在着明显的易感性差异，如英国萨福克种绵羊更为敏感。痒病具有明显的家族史，在品种内某些受感染的谱系发病率高。一般发生于2~5岁的绵羊，5岁以上的和1岁半以下的羊通常不发病。患病羊或潜伏期感染羊为主要传染源。痒病可在无关联的羊间水平传播，患羊不仅可以通过接触将病原传给绵羊或山羊，也可垂直传播给后代。健康羊群长期放牧于污染的牧地（被病羊胎膜污染），也可引起感染发病。通常呈散发性流行，感染羊群内只有少数羊发病，传播缓慢。小鼠、仓鼠、大鼠和水貂等实验动物均可人工感染痒病。羊群一经感染痒病，很难根除，几乎每年都有少数患羊死于本病。

（2）临床症状　自然感染潜伏期1~3年或更长。起病大多是不知不觉的。早期，病羊敏感、易惊。有些病羊表现有攻击性或离群呆立，不愿采食。有些病羊则容易兴奋，头颈抬起，眼凝视或目光呆滞。大多数病例通常表现行为异常、消瘦、运动失调及痴呆等症状，头颈部以及腹肋部肌肉发生频繁震颤。病羊症状有时很轻微以致于观察不到。用手抓搔病羊腰部，病羊常发生伸颈、咬唇或舔舌等反射性动作。严重时患羊皮肤脱毛、破损甚至撕脱。病羊常啃咬腹肋部、股部或尾部；或在墙壁、栅栏、树干等物体上摩擦痒部皮肤，致使被毛大量脱落，皮肤红肿发炎甚至破溃出血。病羊常以一种高举步态运步，呈现特殊的驴跑步样姿态或雄鸡步样姿态，后肢软弱无力，肌肉颤抖，步态踉跄。病羊体温一般不高，可照常采食，但日渐消瘦，体重明显下降，常不能跳跃，遇沟坡、土堆、门槛等障碍时，反复跌倒或卧地不起、病程数周或数月，甚至1年以上，少数病例也可急性经过，患病数日即突然死亡。病死率

高，几乎达100%。

（3）病理变化　病死羊尸体剖检，除见尸体消瘦、被毛脱落以及皮肤损伤外，常无肉眼可见的病理变化。组织病理学检查，突出的变化是中枢神经系统的海绵样变性。自然感染的病羊以中枢神经系统神经元的空泡变性和星状胶质细胞肥大增生为特征，病变通常是非炎症性的。大量的神经元发生空泡化，胞质内出现一个或多个空泡，呈圆形或卵圆形，界限明显，胞核常被挤压于一侧甚至消失。神经元空泡化主要见于延脑、脑桥、中脑和脊髓。星状细胞肥大增生是弥漫性或局灶性，多见于脑干的灰质和小脑皮质内。大脑皮层常无明显的变化。

（4）类症鉴别　痒病通常须与梅迪—维斯纳病、羊螨病和虱病等疾病相区别。

① 痒病与梅迪—维斯纳病的鉴别　在临床表现上具有特征性，病羊擦痒，组织病理学检查中枢神经系统是海绵样变性，神经元发生空泡变性，星状胶质细胞肥大增生，与梅迪—维斯纳病不同。此外，梅迪—维斯纳病时，可用免疫血清学方法检出抗体，而痒病则不能。

② 痒病与螨病、虱病的鉴别　螨病、虱病虽然能引起擦痒、咬伤、皮毛脱落、皮肤发炎等，仔细检查，可发现螨、虱等寄生虫。

（三）防治措施

① 预防本病的主要措施是灭蜱，在蜱活动季节，定期对易感动物进行药浴或喷雾杀虫；对痒病、隐性感染羊采取扑杀后焚化。严禁从有痒病的国家和地区引进种羊、精液以及羊胚胎。引进动物时，严格口岸检疫，引入羊在检疫隔离期间发现痒病应全部扑杀、销毁，并进行彻底消毒，以除后患。不得从有病国家和地区购入含反刍动物蛋白的饲料。加强对市场和屠宰场肉类的检验，检出的病羊肉必须销毁，不得食用。

② 无病地区发生痒病，应立即申报，同时采取扑杀、隔离、封锁、消毒等措施，并进行疫情监测。

③ 本病目前尚无有效的预防和治疗措施。常用的消毒方法有：a. 焚烧；b. 5%~10% 氢氧化钠溶液作用1小时；c. 浸入5%~10% 次氯酸钠溶液作用2小时；d. 浸入3% 十二烷基磺酸钠溶液煮沸10分钟。

十、绵羊肺腺瘤病

绵羊肺腺瘤病又名“绵羊肺癌”或“驱赶病”，是由绵羊肺腺瘤病病毒引起的一种慢性、接触传染性肺脏肿瘤病。病的特征为潜伏期长，肺泡和支气管上皮进行性肿瘤性增生，病羊消瘦，咳嗽，呼吸困难，终归死亡。

（一）病原

绵羊肺腺瘤病病毒被认为是一种反转录病毒，在绵羊肺腺瘤病的肿瘤匀浆和肺组织中发现有 RNA 及依赖 RNA 的 DNA 反转录酶。本病毒有完整或不完整的衣壳，具有囊膜，病毒的外壳是二十面体对称，内有单股 RNA。本病毒抵抗力不强，56℃ 30 分钟可灭活，对氯仿和酸性环境敏感。-20℃条件下病肺细胞里的病毒可存活数年。病毒组织培养较为困难，可于易感绵羊的支气管上皮细胞内增殖；气管内接种易感羔羊，10~22 个月后，在其肺内可产生病变。

（二）诊断要点

（1）流行特点　各种品种和年龄的绵羊均能发病，以美利奴绵羊的易感性为高，几乎临床发病多为 3~5 岁的绵羊，2 岁以内的羊较少出现症状。除绵羊外，山羊也可发生。病羊是主要传染来源，病羊通过咳嗽、喘气将病毒排出，经呼吸道使附近的易感羊感染。羊群拥挤，尤其在密闭的圈舍中，有利于本病的传播。气候寒冷，可使病情加重，也容易引起感染羊继发细菌性肺炎，致使病程缩短，死亡增多。

（2）临床症状　潜伏期很长，半年至 2 年不等。人工感染的潜伏期长达 3~7 个月。只有成年绵羊和较大的羊才见到临诊表现，病羊逐渐出现虚弱、消瘦、呼吸困难的症状。病初，病羊因剧烈运动而呼吸加快，随病的发展，呼吸快而浅表，吸气时常见头颈伸直、鼻孔扩张。病羊常有湿性咳嗽。当支气管分泌物积聚于鼻腔时，则出现鼻塞音，低头时，分泌物自鼻孔流出。分泌物检查，可见增生的上皮细胞。肺部叩诊、听诊，可听知湿啰音和肺实变区。疾病后期，病羊衰竭、消瘦、贫

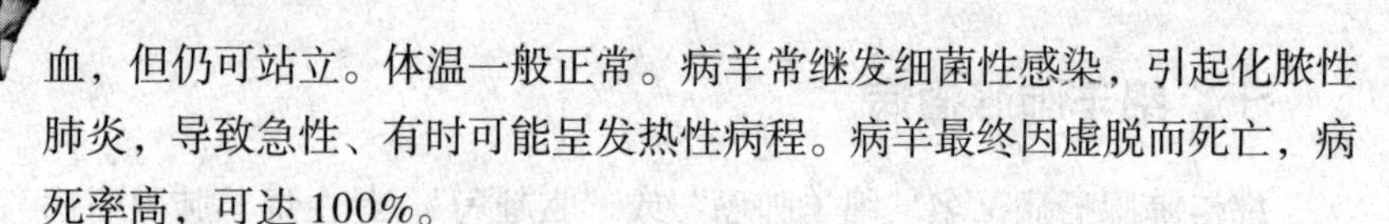

血，但仍可站立。体温一般正常。病羊常继发细菌性感染，引起化脓性肺炎，导致急性、有时可能呈发热性病程。病羊最终因虚脱而死亡，病死率高，可达100%。

（3）病理变化　病羊死后的病理变化主要局限于肺部及胸部。早期病羊肺尖叶、心叶、膈叶前缘等部位出现弥散性小结节，质地硬，稍突出于肺表面，切面可见颗粒状突起物，反光性强。随病的进展，肺脏出现大量肿瘤组织构成的结节（图4-21），粟粒至枣子大小。有时一个肺叶的结节增生、融合而形成较大的肿块。继发感染时则形成大小不一的脓肿。患区胸膜增厚，常与胸壁、心包膜粘连。支气管淋巴结、纵膈淋巴结增大，也形成肿块。体腔内常积聚有少量的渗出液。病理组织学检查，肿瘤是由支气管上皮细胞所组成，除见有简单的腺瘤状构造外，还可见到乳头状瘤构造。新增生的细胞呈立方形，胞浆丰富、洗染，核丰富，呈圆形或卵圆形，有的无绒毛结构。排列紧密的上皮细胞由于异常增生面向肺泡腔和细支气管内延伸，形如乳头状或手指状，逐渐取代正常的肺泡腔。在肺腺瘤病灶之间的肺泡内有大量的巨噬细胞浸润。这些细胞常被腺瘤上皮分泌的黏液连在一起，形成细胞团块。支气管淋巴结、纵膈淋巴结失去正常结构，代之以类似肺部的腺瘤状构造。

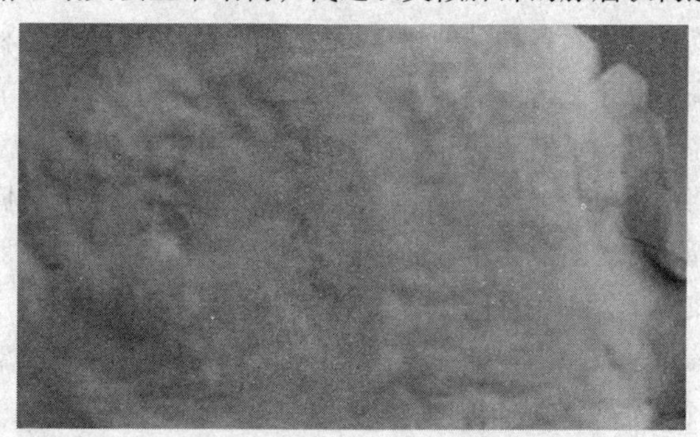

图4-21　绵羊肺腺瘤病肺结节

（4）类症鉴别　绵羊肺腺瘤病应与巴氏杆菌病、梅迪—维斯纳病以及蠕虫性肺炎等肺部疾患进行区别诊断。绵羊肺腺瘤病的一个很重要的特点是，在疾病症状明显期可从病羊鼻腔采集到大量的水样分泌物。

① 绵羊肺腺瘤病与巴氏杆菌病的鉴别。巴氏杆菌病是一种急性、热性传染病，病羊全身症状严重而明显，体温升高达 41~42℃。有些病羊剧烈腹泻，粪便恶臭。病羊颈部、胸部发生水肿，肺脏淤血、点状出血或发生突变；肝脏常有坏死性病灶；胃肠道有出血性炎症。采集血液、病变组织，可分离出多杀性巴氏杆菌。

② 绵羊肺腺瘤病与梅迪—维斯纳病的鉴别。绵羊脑腺瘤病与梅迪—维斯纳病在临床表现上类似，均引起慢性、进行性的肺炎症状，但病理组织学变化上不同，绵羊肺腺瘤病以增生性、肿瘤性肺炎为主要特征，病理切片观察，可发现肺泡上皮细胞和细支气管上皮细胞异型性增生，形成腺样构造；而梅迪—维斯纳病则以间质性肺炎为特征，间质增厚变宽，平滑肌增生，支气管和血管周围淋巴样细胞浸润。也可通过血清学试验进行区别。

③ 绵羊肺腺瘤病与蠕虫病的鉴别。蠕虫性肺炎在病理剖检或者组织切片中均可发现虫体，易与绵羊肺腺瘤病进行区别。

（三）防治措施

① 严禁从有本病的国家、地区引进羊。进口绵羊时，加强口岸检疫工作，引进羊应严格隔离观察，证明无病后方可混入大群饲养。

② 本病目前尚无有效的治疗方法，也无特异性的预防制剂可供使用。羊群一经传入本病，很难清除，故须全群淘汰，以消除病原。并通过建立无绵羊肺腺瘤病的健康羊群，逐步消灭本病。

十一、梅迪—维斯纳病

梅迪—维斯纳病，是由梅迪—维斯纳病病毒引起的绵羊的一种慢病毒病，其特征为病程缓慢、进行性消瘦和呼吸困难。梅迪和维斯病最初是用来命名在冰岛发现的两种绵羊疾病，其含义分别是呼吸困难和消瘦，目前已知这两种病症是由同一种病毒引起的。

（一）病原

梅迪—维斯纳病病毒在分类上属于反转录病毒科，慢病毒属。病

毒的核酸类型为单股RNA。成熟的病毒粒子呈球形。病毒在感染细胞的细胞膜上以出芽方式释放。病毒可在绵羊脉络丛、肺、睾丸、肾和唾液腺细胞内增殖，引起特征性的细胞病变。培养细胞形成大量的多核白细胞，每个白细胞内有2~20个细胞核，随后发生细胞病变。病毒主要存在于感染宿主的肺脏、局限淋巴结、脾脏等组织。成熟的梅迪－维斯纳病毒呈球形，直径90~100纳米，具有单层的囊膜。病毒粒子的中央有电子致密，直径为30~40纳米的核心。

病毒在蔗糖溶液中的浮密度为1.15~1.16克/毫升。在pH值为7.2~7.9最稳定，在pH值小于等于4.2易于灭活，在56℃经10分钟可被灭活。4℃条件下可存活4个月。该病毒可被0.04%甲醛或4%酚及50%乙醇灭活。对乙醚、胰蛋白酶及过碘酸盐敏感。

（二）诊断要点

（1）流行特点　梅迪—维斯纳病主要是绵羊的一种疾病，山羊也可感染。本病发生于所有品种的绵羊，无性别的区别，发病者多为2~4岁的成年绵羊。病羊和潜伏期感染羊为主要传染源。自然感染是由于吸入了病羊排出的含有病毒的飞沫所致，也可能经胎盘或乳汁垂直传播。易感绵羊经肺内注射病羊肺细胞的分泌物或血液可发生感染。也可通过污染的饲料、饮水以及牧草经消化道感染。本病多散发，发病率因地域而异。饲养密度过大会助长本病的传播流行。

（2）临床症状　梅迪—维斯纳病潜伏期很长，易感动物在接触病毒1~3年后才出现临床症状，随后呈进行性病程。

① 梅迪病（呼吸道型）。梅迪病患羊首先表现为放牧时掉群，出现干咳，随之呼吸困难日渐加重。病羊鼻孔扩张，头高仰，呼吸急促，听诊或叩诊可听到啰音或实音区。病羊体温一般正常，呈现慢性、进行性间质性肺炎，体重下降，逐渐消瘦、衰弱，最终死亡。病程一般为2~5个月甚至数年，病死率高。

② 维斯纳病（神经型）。维斯纳病病羊最初表现为步态异常，运动失调和轻瘫，特别是后肢，易失足和发软。轻瘫逐渐加重最后发生全瘫。有些病例头部也有异常表现，口唇和眼睑震颤，头偏向一侧。病情

缓慢进展并恶化，四肢陷入对称性麻痹而死亡。病程数月甚至数年。感染绵羊可终身带毒，但大多数羊并不出现临诊症状。

（3）病理变化

① 梅迪病。梅迪病的病理变化主要见于肺脏及周围淋巴结。病脑体积和重量均增大 2~4 倍，呈浅灰黄色或暗红色，触之有橡皮样感觉。肺脏组织增生，质地如肌肉、以隐叶的变化最为严重，心叶、尖叶次之。仔细观察，在胸膜下散在许多针尖大小、半透明、暗灰白色的小点。肺小叶间质明显增生，呈暗灰色细网状花纹，在网眼中显出针尖大小的暗灰色小点。病肺切面干燥，如滴加 50%~98% 醋酸，很快会出现针尖大小的小结节。支气管淋巴结肿大，平均重量可达 40 克（正常为 10~15 克），切面间质发白。病理组织学变化主要为慢性间质性肺炎。肺泡间隔增厚，淋巴样组织增生。在细支气管、血管和脑细胞周围出现弥漫性淋巴细胞、单核细胞以及巨噬细胞的浸润。微小的细支气管上皮、肺泡间隔平滑肌、血管平滑肌上皮增生。

② 维斯纳病。维斯纳病眼视病变不显著。病理组织学变化主要表现为弥漫性脑膜脑炎，脑膜及血管周围淋巴细胞和小胶质细胞增生、浸润并出现血管套现象。大脑、小脑、脑桥、延脑和脊髓白质内出现弥漫性脱髓鞘现象，在脑膜附近形成脱髓鞘腔。

（4）类症鉴别　梅迪—维斯纳病通常应与绵羊肺腺瘤病、痒病等疾病进行鉴别。

① 梅迪—维斯纳病与绵羊肺腺瘤病的鉴别。梅迪—维斯纳病与绵羊肺腺瘤病在临诊上均表现为进行性病程，很难区别。主要通过病理组织学检查进行鉴别：绵羊肺腺瘤病以增生性、肿瘤性肺炎为主要特征，可发现肺泡上皮细胞和肺支气管上皮细胞异型性增生，形成腺样构造；而海迪病则以间质性肺炎为特征，间质增厚变宽，平滑肌增生，支气管和血管周围淋巴样细胞浸润。也可通过血清学试验进行区别。

② 梅迪—维斯纳病与痒病的鉴别。某些不呈瘙痒症状的痒病患羊，在临诊表现上可能与维斯纳病相似，可经病理组织学检查进行区别。痒病患羊的特异性变化是神经元空泡化，即海绵样变性；而维斯纳病病羊则呈现弥漫性脑膜脑炎变化，具有明显的细胞浸润和血管套现象，并发

生弥漫性脱髓鞘变化。此外，痒病缺乏免疫学反应，而梅迪—维斯纳病可用免疫血清学方法检出血清中的抗体。

（三）防治措施

① 应从未发生本病的国家或地区引进绵羊和山羊。动物在进口前30天进行梅迪—维斯纳病琼脂扩散试验检测，结果阴性者方可启运。口岸检疫中，如发现梅迪—维斯纳病阳性动物，则作退回或扑杀销毁处理，同群动物严格隔离观察。

② 本病迄今尚无特异性疫苗供免疫接种，也无有效的治疗方法。应防止健康羊群与病羊接触，发病羊及时隔离、淘汰。病尸或污染物应销毁或作无害化处理。圈舍、饲管用具应用2%氢氧化钠或4%石炭酸消毒。定期用血清学试验检测羊群，淘汰有临诊症状的羊以及血清学反应阳性的羊及其后代，以清除本病，净化畜群。

十二、小反刍兽疫

小反刍兽疫俗称羊瘟，又名小反刍兽假性牛瘟、肺肠炎、口炎肺肠炎复合症，是由小反刍兽疫病毒引起的一种急性病毒性传染病，主要感染小反刍动物，以发热、口炎、腹泻、肺炎为特征。

（一）病原

小反刍兽疫病毒属副黏病毒科麻疹病毒属。与牛瘟病毒有相似的物理化学及免疫学特性。病毒呈多形性，通常为粗糙的球形。病毒颗粒较牛瘟病毒大，核衣壳为螺旋中空杆状并有特征性的亚单位，有囊膜。病毒可在胎绵羊肾、胎羊及新生羊的睾丸细胞、Vero细胞上增殖，并产生细胞病变（CPE），形成合胞体。

（二）诊断要点

（1）流行病学　本病主要感染山羊、绵羊、美国白尾鹿等小反刍动物，流行于非洲西部、中部和亚洲的部分地区。在疫区，本病为零星发生，当易感动物增加时，即可发生流行。本病主要通过直接接触传染，病畜的分泌物和排泄物是传染源，处于亚临诊型的病羊尤为危险。人工感染猪，不出现临诊症状，也不能引起疾病的传播，故猪在本病的流行病学中无意义。

（2）临床症状　小反刍兽疫潜伏期为4~5天，最长21天。自然发病仅见于山羊和绵羊。山羊发病严重，绵羊也偶有严重病例发生。一些康复山羊的唇部形成口疮样病变。感染动物临诊症状与牛瘟病牛相似。急性型体温可上升至41℃，并持续3~5天。感染动物烦躁不安，背毛无光，口鼻干燥，食欲减退。流黏液脓性鼻漏，呼出恶臭气体。在发热的前4天，口腔黏膜充血，颊黏膜进行性广泛性损害、导致多涎，随后出现坏死性病灶（图4-22），开始口腔黏膜出现小的粗糙的红色浅表坏死病灶，以后变成粉红色，感染部位包括下唇、下齿龈等处。严重病例可见坏死病灶波及齿垫、腭、颊部及其乳头、舌头等（图4-23）处。后期出现带血水样腹泻（图4-24），严重脱水，消瘦，随之体温下降。出现咳嗽、呼吸异常。发病率高达100%，在严重暴发时，死亡率为

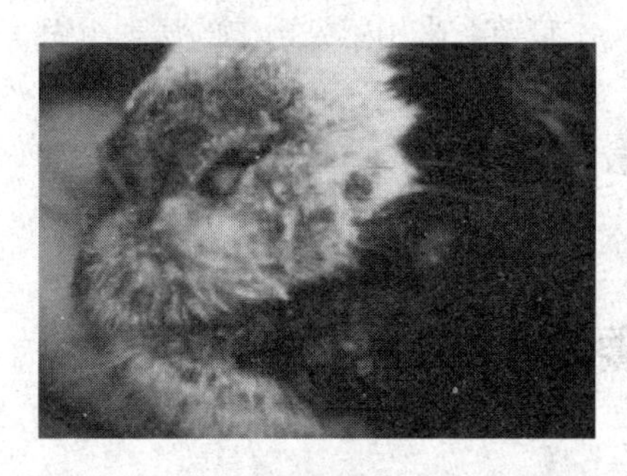

图4-22　小反刍兽疫口、鼻分泌物及结节

图4-23　小反刍兽疫舌头结痂

图4-24　小反刍兽疫羊腹泻

100%，在轻度发生时，死亡率不超过50%。幼年动物发病严重，发病率和死亡率都很高，为我国划定的一类疾病。

（三）防治措施

目前对本病尚无有效的治疗方法，发病初使用抗生素和磺胺类药物可对症治疗和预防继发感染。在本病的洁净国家和地区发现病例，应严密封锁，扑杀患羊，隔离消毒。对本病的防控主要靠疫苗免疫。

（1）牛瘟弱毒疫苗　因为本病毒与牛瘟病毒的抗原具有相关性，可用牛瘟病毒弱毒疫苗来免疫绵羊和山羊进行小反刍兽疫病的预防。牛瘟弱毒疫苗免疫后产生的抗牛瘟病毒抗体能够抵抗小反刍兽疫病毒的攻击，具有良好的免疫保护效果。

（2）小反刍兽疫病毒弱毒疫苗　目前小反刍兽疫病毒常见的弱毒疫苗为Nigeria7511弱毒疫苗和Sungri/96弱毒疫苗。该疫苗无任何副作用，能交叉保护其各个群毒株的攻击感染，但其热稳定性差。

（3）小反刍兽疫病毒灭活疫苗　本疫苗系采用感染山羊的病理组织制备，一般采用甲醛或氯仿灭活。实践证明甲醛灭活的疫苗效果不理想，而用氯仿灭活制备的疫苗效果较好。

第三节　羊的主要寄生虫病的防治

一、片形吸虫病

片形吸虫病是羊的主要寄生虫病之一，是由肝片吸虫和大片吸虫寄生于羊的肝脏胆管所致。本病能引起急性或慢性肝炎和胆管炎，并伴发全身性中毒现象和营养障碍。

（一）病原

1. 肝片吸虫虫体

外观呈扁平叶状，体长20~35毫米，宽5~13毫米。自胆管内取出的鲜活虫体为棕红色，固定后呈灰白色。大片吸虫　成虫呈长叶状，长33~76毫米，宽5~12毫米。大片吸虫与肝片吸虫的区别在于，虫体前端无显著的头雄突起，肩部不明显。

2. 生活史

肝片吸虫的成虫寄生于羊及其他宿主的胆管内。产出的虫卵随胆汁进入消化道，并与粪便一同排出体外。虫卵在适宜的温度（15~30℃）和充足的氧气、水分及光照条件下，经10~25天孵化出毛蚴，毛蚴在水中游动，通常只能生存1~2昼夜，其生活期间如遇中间宿主各种椎实螺，则侵入畜体内，经过胞蚴、母雷蚴、子雷蚴各阶段发育，最后形成大量的尾蚴自螺体逸出。尾蚴附着于水生植物上或在水面上形成囊蚴，羊等终末宿主在吃草或饮水时吞食囊蚴即遭受感染，并移行到胆管寄生。

大片吸虫的生活史与肝片吸虫相似（图4–25）。

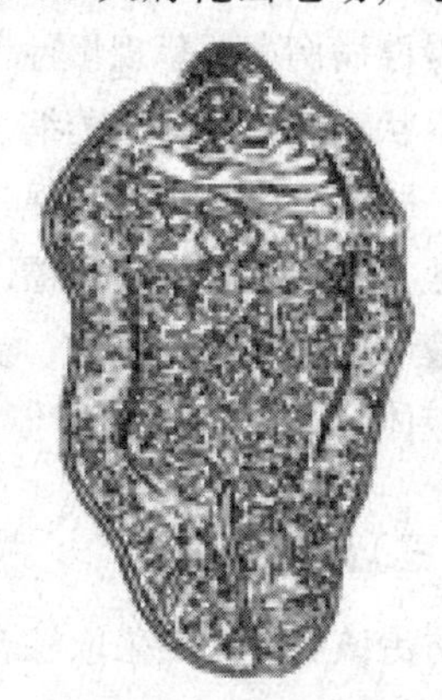

图4–25　肝片吸虫成虫

（二）诊断要点

（1）临床症状　该病的症状表现因感染强度（有约50条虫会出现明显症状）、病程长短、家畜的抵抗力、年龄及饲养条件不同而异，幼畜轻度感染即可表现症状。

急性型症状多发生于夏末秋初，是因短时间内遭受严重感染所致。慢性型症状较多见于患羊耐过急性期或轻度感染后，在冬春转为慢性。急性型病羊，初期发热，衰弱，易疲劳，离群落后；叩诊肝区半浊音区扩大，发病明显；很快出现贫血、黏膜苍白，红细胞及血红素显著降低，严重者多在几天内死亡。慢性型病羊，主要表现消瘦，贫血，黏膜苍白，食欲不振，异嗜，被毛粗乱无光泽，极易脱落，步行缓慢；眼睑、颌下、胸前及腹下出现水肿，尤以颌下水肿明显，俗称“水布袋”。

便秘与下痢交替，发生病情逐渐恶化，最终可因极度衰竭而死亡。

（2）剖检变化　剖检时，病理变化主要呈现在肝脏，其变化程度与感染虫体的数量及病程长短有关。

在大量感染、急性死亡的病例中，可见到急性肝炎和大出血后的贫血现象，肝肿大，包膜有纤维沉积，有 2~5 毫米长的暗红色虫道，虫道内有凝固的血液和少量幼虫。腹腔中有血红色的液体，有腹膜炎病变。

慢性病例主要呈现慢性增生性肝炎，在肝组织被破坏的部位出现淡白色索状瘢痕，肝实质萎缩，退色，变硬，边缘钝圆，小叶间结缔组织增生。胆管肥厚、扩张呈绳索样突出于肝表面；胆管内有磷酸钙和磷酸镁等盐类的沉积使内膜粗糙，刀切时有沙沙声；胆管内有虫体和污浊稠厚的液体。病畜出现消瘦、贫血和水肿现象；胸腹腔及心包内蓄积有透明的液体。

（三）防治措施

防治该病，必须采取综合性防治措施，才能取得较好的效果。其主要措施如下。

（1）定期驱虫　通常情况下，每年可进行 1 次驱虫，可在秋末冬初进行；如进行 1 次驱虫，另一次驱虫可在翌年的春季进行。

（2）粪便处理　及时对畜舍内的粪便进行堆肥发酵，以便利用生物热杀死虫卵。

（3）消灭中间宿主　肝片吸虫的中间宿主椎实螺生活在低洼阴湿地区，可结合水土改造，破坏椎实螺的生活条件。

（4）药物治疗　驱除片形吸虫的药物，常用的有下列几种：

① 丙硫咪唑（抗蠕敏）为广谱驱虫药，对驱除片形吸虫的成虫有疗效，剂量按每千克体重 5~15 毫克，口服。

② 硝氯酚（拜耳 9015）驱成虫有高效，剂量按每千克体重 4~5 毫克，口服。

③ 五氯柳胺（氯羟杨苯胺）驱成虫有高效，剂量按每千克体重 7.5 毫克，口服。

④ 碘醚柳胺驱成虫和 6~12 周的未成熟童虫都有效，剂量按每千克体重 15 毫克，口服。

⑤ 双酰胺氧醚对 1~6 周龄肝片吸虫幼虫有高效，但随虫龄的增长，药效也随之降低。用于治疗急性期的病例，剂量按每千克体重 7.5 毫克，口服。

⑥ 硫双二氯酚（别丁）驱成虫有效，但使用后有较强的下泻作用。剂量按每千克体重 80~100 毫克，口服。

⑦ 四氯化碳驱成虫效果显著，但有一定副作用。剂量按成年羊每只 2 毫升，6~12 月龄羊 1 毫升，与液状石蜡以 1∶4 的比例混合灌服；也可与等量的液状石蜡或已灭菌的植物油混合后，肌内注射。

二、双腔吸虫病

双腔吸虫病是由矛形双腔吸虫和中华双腔吸虫等寄生于家畜肝脏的胆管和胆囊内所引起的疾病。

（一）病原

（1）*矛形双腔吸虫*　虫体扁平、透明，呈棕红色，肉眼可见到内部器官；表面光滑，前端尖细，后端较钝，呈矛状；体长 5~15 毫米、宽 1.5~2.5 毫米。腹吸盘大于口吸盘。虫卵呈卵圆形或椭圆形，暗褐色，卵壳厚，两侧稍不对称；大小为（38~45）微米 ×（22~30）微米。虫卵一端有明显的卵盖；卵内含毛蚴。

（2）*中华双腔吸虫*　虫体扁平、透明，腹吸盘前方体部呈头锥样，其后两侧较宽似肩样突起；体长 3.5~9.0 毫米，宽 2.0~3.0 毫米。虫卵与矛形双腔吸虫卵相似。

（3）*生活史*　双腔吸虫在发育过程中，需要两个中间宿主，第一中间宿主为多种陆地蜗牛，第二中间宿主为蚂蚁。成虫在终末宿主的胆管或胆囊内产出的虫卵随胆汁进入肠内，并随粪便排出到外界。含有毛蚴的虫卵被陆地蜗牛吞食后，在其肠内孵出，穿过肠壁到肝脏中发育，经母胞蚴、子胞蚴发育成尾蚴。尾蚴从子胞蚴的大静脉移行到蜗牛的肺部，再移行到蜗牛的呼吸腔，在此每 100~400 个尾蚴集中在一起形成尾蚴囊群，外被黏性物质成为黏球，黏球通过蜗牛呼吸孔排出。尾蚴黏球如被蚂蚁吞食后，在其体内形成囊蚴。羊或其他终末宿主在放牧时如吞食了含有囊蚴的蚂蚁则遭受感染，囊蚴在家畜肠道中脱囊，由十二指肠经胆道到达胆管或胆囊，需 72~85 天发育为成虫（图 4-26）。

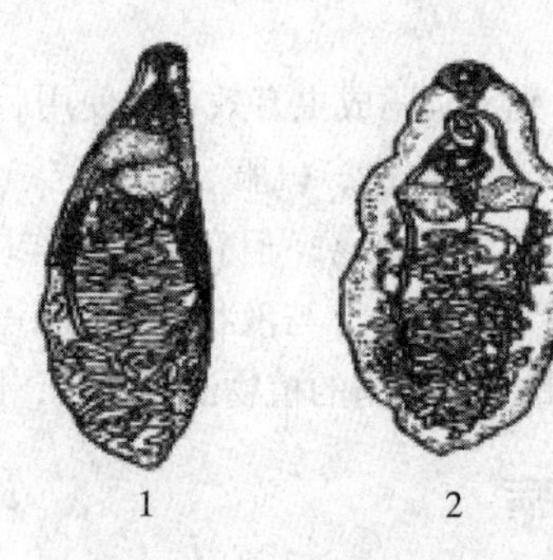

图 4-26 双腔吸虫

1—矛形双腔吸虫；2—中华双腔吸虫

（二）诊断要点

（1）临床症状　羊的症状表现因感染强度不同而有所差异。轻度感染的羊，通常无明显症状。严重感染时，则表现为可视黏膜增生，颌下水肿，消化紊乱，下痢并逐渐消瘦，甚至可因极度衰竭而导致死亡。

（2）剖检变化　剖检的主要病变为胆管出现卡他性炎症变化和胆管壁肥厚，胆管周围结缔组织增生。肝脏发生硬变、肿大，肝表面粗糙，胆管扩张显露呈索状。在胆管和胆囊内可见寄生有数量不等的虫体。

（三）防治措施

（1）治疗　对病羊可选用下列药物治疗。

① 海涛林。该药是治疗双腔吸虫病最有效的药物，安全幅度大，对怀孕母羊及产羔均无不良影响；剂量按每千克体重 40~50 毫克，配成 2% 悬浮液，经口灌服。

② 丙硫咪唑。剂量按每千克体重 30~40 毫克，口服。

③ 六氯对二甲苯（血防 846）。剂量按每千克体重 200~300 毫克，口服。

④ 噻苯唑。剂量按每千克体重 150~200 毫克，口服。

⑤ 吡喹酮。剂量按每千克体重 65~80 毫克，口服。

（2）预防　与肝片吸虫病相同，应以定期驱虫为主；同时加强羊群的饲养管理，以提高其抵抗力；注意消灭中间宿主，阻断病原的传播途径及感染来源；粪便亦应进行堆肥发酵处理，以杀灭虫卵。

三、阔盘吸虫病

阔盘吸虫病是由阔盘属的数种吸虫寄生于宿主的胰管中所引起的疾病，亦称胰吸虫病。此外，病原偶可寄生于胆管和十二指肠。

（一）病原

寄生于牛、羊等反刍动物的阔盘吸虫主要有胰阔盘吸虫、腔阔盘吸虫和枝睾阔盘吸虫，其中以胰阔盘吸虫最为常见。

（1）胰阔盘吸虫　虫体扁平、较厚，呈棕红色。虫体长 8~16 毫米，宽 5.0~5.8 毫米，呈长卵圆形。口吸盘大于腹吸盘。咽小，食道短。虫卵呈黄棕色或深褐色，椭圆形，两侧稍不对称，一端有卵盖，大小为（42~53）微米 ×（23~38）微米。卵壳厚，内含毛蚴。

（2）腔阔盘吸虫　虫体较为短小，呈短椭圆形，体后端有一明显的尾突，虫体长 7.48~8.05 毫米，宽 2.73~4.76 毫米。虫卵大小为（34~47）微米 ×（26~36）微米。

（3）枝睾阔盘吸虫　虫体是前尖后钝的瓜子形，长 4.49~7.90 毫米，宽 2.17~3.07 毫米。口吸盘略小于腹吸盘，睾丸大而分枝，卵巢分叶 5~6 瓣。虫卵大小为（45~52）微米 ×（30~34）微米（图 4-27）。

（4）生活史　阔盘吸虫的发育须经虫卵、毛蚴、母胞蚴、子胞蚴、尾蚴、囊蚴及成虫各个阶段。寄生在胰管中的成虫产出的虫卵随胰液进入消化道，再随粪排出。虫卵在外界被第一中间宿主陆地蜗牛吞食后，在羊体内孵出毛蚴并依序发育为母胞蚴、子胞蚴和尾蚴，包裹着尾蚴的成熟子胞蚴经呼吸孔排出到外界。从蜗牛吞食虫卵子排出成熟的子

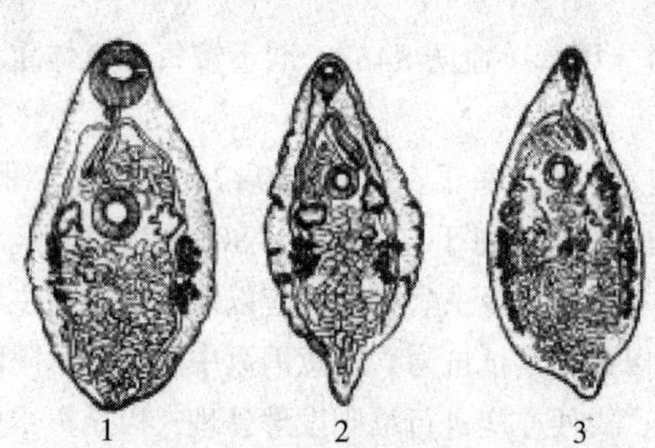

图 4-27　阔盘吸虫

1—胰阔盘吸虫；2—腔阔盘吸虫；3—枝睾阔盘吸虫

胞蚴，在温暖季节需 5~6 个月，夏季以后感染蜗牛的则大约经过 1 年才能发育成熟。成熟的子胞蚴被第二个中间宿主草螽或针蟀吞食后，经 23~30 天尾蚴发育为囊蚴。羊等终末宿主吃草时吞食了含有囊蚴的草螽或针蟀而感染，经 80~100 天发育为成虫。从虫卵到成虫，全部发育过程需要 10~16 个月才能完成。

（二）诊断要点

（1）临床症状　阔盘吸虫大量寄生时，由于虫体刺激和毒素作用，使胰管发生慢性增生性炎症，使胰管管腔窄小甚至闭塞，使消化酶的产生和分泌及糖代谢机能失调，引起消化及营养障碍。病羊表现消化不良，消瘦，贫血，颌下及胸前水肿，衰弱，经常下痢，粪中常有黏液，严重时可引起死亡。

（2）剖检变化　尸体消瘦，胰腺肿大，胰管因高度扩张呈黑色蚯蚓状凸出于胰脏表面。胰管发炎肥厚，管腔黏膜不平，呈乳头状小结节突起，并有点状出血，内含大量虫体。慢性感染则使结缔组织增生而导致整个胰脏硬化、萎缩，胰管内仍有数量不等的虫体寄生。

（三）防治措施

（1）治疗　可选用下列药物。

① 六氯对二甲苯 。剂量按每千克体重 400 毫克，口服 3 次，每次

间隔 2 天。

② 吡喹酮。口服时，剂量按每千克体重 65~80 毫克；肌内注射或腹腔注射时，剂量按每千克体重 50 毫克，并以液状石蜡或植物油（灭菌）制成 20% 油剂。腹腔注射时应防止注入肝脏或肾脂肪囊内。

（2）预防　本病流行地区应在每年初冬和早春各进行 1 次预防性驱虫；有条件的地区可实行划区放牧，以避免感染；应注意消灭其第一中间宿主蜗牛（其第二中间宿主草螽在牧场广泛存在，扑灭甚为困难）；同时加强饲养管理，以增加畜体的抗病能力。

四、前后盘吸虫病

前后盘吸虫病是由前后盘科的各属吸虫寄生所引起的疾病。成虫寄生在羊、牛等反刍动物的瘤胃和网胃壁上，危害不大。幼虫因在发育过程中移行于真胃、小肠、胆管和胆囊，可造成较严重的病害，甚至导致死亡。

（一）病原

（1）前后盘吸虫　种属很多，虫体大小互有差异，有的仅长数毫米，有的则长达 20 余毫米；颜色可呈深红色、褐红色或乳白色；虫体在形态结构上亦有不同程度的差异。其主要的共同特征为：虫体形状呈长椭圆形、梨形或圆锥形；两个吸盘中，腹吸盘位于虫体后端，并显著大于口吸盘，因口、腹吸盘位于虫体两端，好似两个口，所以又称为双口吸虫。现列举我国常见虫种中的 1 种如下（图 4–28）。

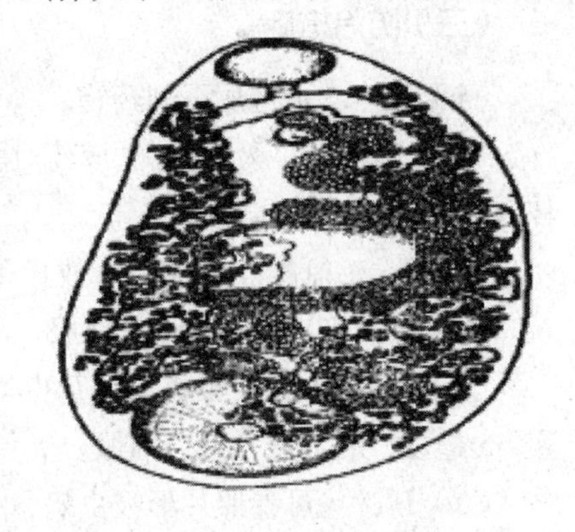

图 4–28　前后盘吸虫病成虫

（2）生活史　前后盘吸虫的发育与肝片吸虫很相似，只需 1 个中间宿主，其中间宿主为淡水螺。前后盘吸虫的成虫在反刍动物瘤胃产卵，卵随粪一起排出体外，在适宜的温度条件下（26~30℃），经12~13天孵出毛蚴，进入水中，找到适宜的中间宿主即钻入其体内，发育形成胞蚴、雷蚴、子雷蚴及尾蚴，尾蚴成熟后离开中间宿主，附着在水草上形成囊蚴。羊等终末宿主吞食了附有囊蚴的水草而感染。童虫在小肠、真胃及其黏膜下组织、胆管、胆囊、大肠、腹腔液甚至肾盂中移行寄生3~8周，最终到达瘤胃内发育为成虫。

（二）诊断要点

（1）临床症状　患羊主要症状是顽固性腹泻，粪便常有腥臭味；体温有时升高；消瘦，贫血，颌下水肿，黏膜苍白。后期可因极度衰竭而死亡。

（2）剖检变化　剖检可见童虫移行造成的小肠、真胃黏膜水肿，形成出血点及发生出血性肠炎，严重时肠黏膜出现坏死和纤维素性炎症；肠内充满腥臭的稀粪；盲肠、结肠淋巴滤泡肿胀、坏死，有的形成溃疡；胆管、胆囊膨胀；在小肠、真胃及胆管和胆囊内可见数量不等的童虫。当成虫寄生时，其造成的损害轻微。

（三）防治措施

（1）治疗　可选用下列药物。

① 氯硝柳胺（灭绦灵）。该药对驱除童虫疗效良好，剂量按每千克体重75~80毫克，口服。

② 硫双二氯酚。驱成虫疗效显著，驱童虫亦有较好的效果，剂量按每千克体重80~100毫克，口服。

③ 溴羟替苯胺。驱成虫、童虫均有较好的疗效，剂量按每千克体重65毫克，制成悬浮液，灌服。

（2）预防　可参照片形吸虫病，并根据当地的具体情况和条件，制定以定期驱虫为主的预防措施。

五、血吸虫病

羊的血吸虫病是由分体科，分体属和鸟毕属的吸虫寄生在门静脉、肠系膜静脉和盆腔静脉内，引起贫血、消瘦与营养障碍等疾患的一种蠕虫病。

（一）病原

（1）分体属　该属在我国仅有日本分体吸虫一种。虫体呈细长线状。雄虫乳白色，体长10~20毫米，宽0.50~0.97毫米。口吸盘在体前端；腹吸盘较大，具有粗而短的柄，位于口吸盘后方不远处（图4-29）。

（2）鸟毕属　鸟毕属中较重要的虫种有土耳其斯坦鸟毕吸虫、彭氏鸟毕吸虫、程氏鸟毕吸虫和土耳其斯坦结节变种。

土耳其斯坦鸟毕吸虫虫体呈线状（图4-30）。雄虫乳白色，体表平滑无结节；体长42~80毫米，宽0.36~0.42毫米；口、腹吸盘均不发达；腹吸盘后体壁向腹面卷曲形成抱雌沟（雌雄虫体通常也呈合抱状态）；雌虫呈暗褐色，体长3.4~8.0毫米，宽0.07~0.12毫米，虫卵无卵盖，长72~77微米，宽18~26微米。卵的两端各有1个附属物，一端的比较尖，另一端的纯圆。

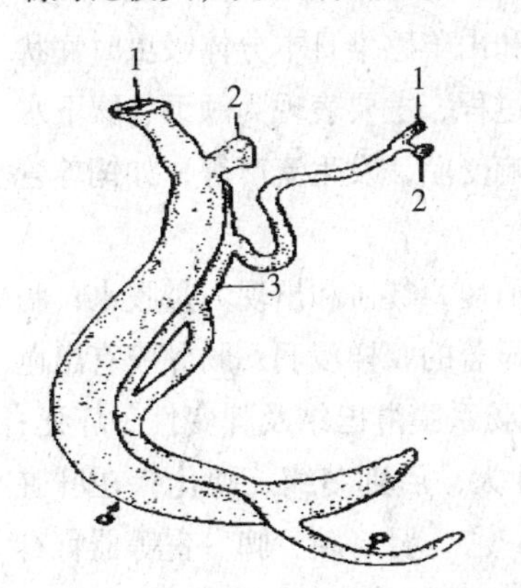

图4-29　日本分体吸虫雌雄合抱

1—口吸盘；2—腹吸盘；3—抱雌沟

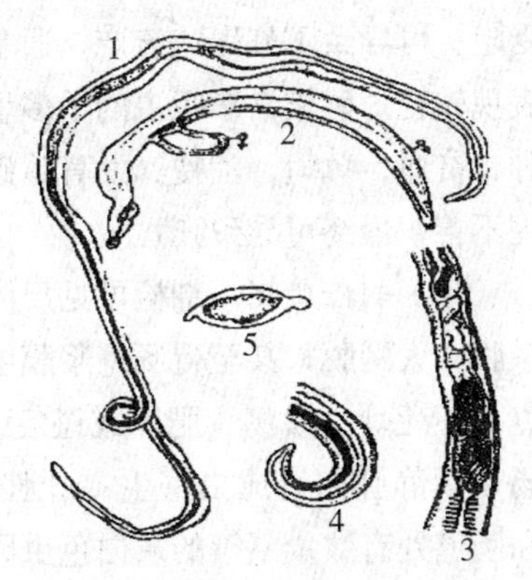

图4-30　土耳其斯坦鸟毕吸虫

1—雌虫；2—雌雄合抱；3—卵巢部；4—雌虫尾部；5—虫卵

（3）生活史　日本分体吸虫与鸟毕吸虫的发育过程大体相似，包括虫卵、毛蚴、母胞蚴、子胞蚴、尾蚴、童虫及成虫等阶段。其不同之处是：日本分体吸虫的中间宿主为钉螺，而鸟毕吸虫为多种椎实螺；此外，它们在宿主范围、各个幼虫阶段的形态及发育所需时间等方面也有所区别。其发育过程如下。

雌虫在寄生的静脉末梢产卵，产出的虫卵一部分随血流到达肝脏，一部分沉积在肠黏膜下层的静脉末梢。肠壁上的虫卵在血管内成熟后，虫卵内毛蚴分泌的溶细胞物质使虫卵周围肠组织发炎、坏死、破溃，虫卵进入肠道随粪便排出体外，并在外界水中孵出毛蚴。毛蚴遇中间宿主钉螺或椎实螺即迅速钻入螺体内，经母胞蚴、子胞蚴和尾蚴阶段的发育后，尾蚴离开螺体入水中。羊等终末宿主饮水或放牧时，尾蚴即钻入羊皮肤或通过口腔黏膜进入体内，体内的虫体亦可通过胎盘感染胎儿。在终末宿主体内的童虫又侵入小血管或淋巴管，随血流到达其寄生部位发育为成虫。

（二）诊断要点

（1）临床症状　日本分体吸虫大量感染时，病羊表现为腹泻和下痢，粪中带有黏液、血液，体温升高，黏膜苍白，日渐消瘦，生长发育受阻；可导致不妊娠或流产。通常绵羊和山羊感染日本分体吸虫时症状表现较轻。感染鸟毕吸虫的羊多呈慢性过程，主要表现为颌下、腹下水肿，贫血，黄疸，消瘦，发育障碍及影响受胎，发生流产等，如饲养管理不善，最终可导致死亡。

（2）剖检变化　剖检可见尸体明显消瘦、贫血和出现大量腹水；肠系膜、大网膜，甚至胃肠壁浆膜层出现显著的胶样浸润；肠黏膜有出血点、坏死灶、溃疡、肥厚或斑痕组织；肠系膜淋巴结及脾变性、坏死；肠系膜静脉内有成虫寄生；肝脏病初肿大，后则萎缩、硬化；在肝脏和肠道处有数量不等的灰白色虫卵结节；心、肾、胰、脾、胃等器官有时也可发现虫卵结节的存在。

（三）防治措施

（1）定期驱虫　及时对人、畜进行驱虫和治疗，并做好病畜的淘汰工作。

（2）消灭中间宿主　结合水土改造工程或用灭螺药物杀灭中间宿主，阻断血吸虫的发育途径。

（3）粪便管理　在疫区内可以将人、畜粪便进行堆肥发酵和制造沼气，既可增加肥效，又可杀灭虫卵。

（4）用水管理　选择无螺水源，实行专塘用水或用井水，以杜绝尾蚴的感染。

（5）安全放牧　全面合理规划草场建设，逐步实行划区轮牧；夏季防止家畜涉水，避免感染尾蚴。

（6）药物治疗

① 硝硫氰胺（7505）。剂量按每千克体重 4 毫克，配成 2%~3% 水悬液，颈静脉注射。

② 吡喹酮。剂量按每千克体重 20~30 毫克，1 次口服。

③ 敌百虫。剂量绵羊按每千克体重 70~100 毫克，山羊按每千克体重 50~70 毫克，灌服。

④ 六氯对二甲苯。剂量按每千克体重 700 毫克，平均分做 7 份，每日 1 次，连用 7 天，灌服。

六、脑多头蚴病

脑多头蚴病（脑包虫病）是由于多头绦虫的幼虫——多头蚴寄生在绵羊、山羊的脑、脊髓内，引起脑炎、脑膜炎及一系列神经症状，甚至死亡的严重寄生虫病。

（一）病原

（1）多头蚴　呈囊泡状，囊体可由豌豆大至鸡蛋大，囊内充满透明液体，在囊的内壁上有 100~250 个原头蚴，原头蚴直径 2~3 毫米。

（2）多头蚴虫　虫体长 40~100 厘米，由 200~500 个节片组成。头节有 4 个吸盘，顶突上有 22~32 个小钩，分作两圈排列。卵为圆形，直径一般为 20~37 微米。

（3）生活史　成虫多头蚴虫寄生于犬、狼、狐、豺等肉食兽的小肠内，发育成熟后，其孕节片脱落，随粪便排出体外，释放出大量虫卵，

污染草场、饲料或饮水，当这些虫卵被中间宿主羊、牛等吞食后，误食的虫卵在其消化道中孵出六钩蚴，六钩蚴钻入肠黏膜血管内随血流到达脑和脊髓，经2~3个月发育为脑多头蚴。如六钩蚴被血流带到身体其他部位则不能继续发育，并迅速死亡。多头蚴在羔羊脑内发育较快，一般在感染两周时能发育至粟粒大，6周后囊体直径可达2~3厘米，经8~13周发育到35厘米，并具有发育成熟的原头蚴。囊体经7~8个月后停止发育，其直径可达5厘米左右。

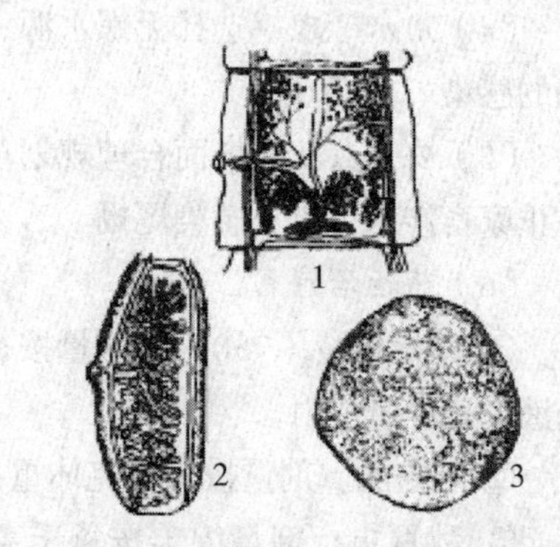

图4-31　多头绦虫节片与脑多头蚴

1—成熟节片；2—孕卵节片；3—脑多头蚴

终末宿主犬、狼、狐等肉食兽吞食了含有多头蚴的动物脑、脊髓，多头蚴在其消化液的作用下，囊壁溶解，原头蚴附着在小肠壁上开始发育，经41~73天发育为成虫（图4-31）。

（二）诊断要点

1. 临床症状

该病呈急性型或慢性型，症状表现取决于寄生部位和病原体的大小。

（1）急性型　以羔羊表现最为明显。感染之初，由于六钩蚴进入脑组织，虫体在脑膜和脑组织中移行，刺激和损伤造成脑部炎症，使体温升高，脉搏、呼吸加快，甚至有强烈的兴奋，患病羊做回旋运动，前冲或后退，有痉挛性抽搐等（图4-32）。有时沉郁，长时间躺卧，脱离畜群。

图4-32　患病羊做回旋运动，前冲或后退

部分病羊在5~7天因急性脑膜炎死亡，不死者则转为慢性型。

（2）慢性型　患羊耐过急性期后，症状表现逐渐消失，经2~6个月的和缓期。由于多头蚴不断发育长大，再次出现明显症状。当多头蚴寄生在羊大脑半球时，除向被虫体压迫的同侧作转圈运动外，还常造成对侧的视力障碍，甚至失明。虫体寄生在大脑正前部时，常见羊头下垂向前作直线运动，碰到障碍物时则头抵物体呆立不动。多头蚴在大脑后部寄生时，主要表现为头高举或作后退运动，甚至倒地不起，并常有强直性痉挛出现。虫体寄生在小脑时，病羊站立或运动常失去平衡，身体共济失调，易跌倒，对外界干扰和音响易惊恐。多头蚴寄生在脊髓时，表现步伐不稳，进而引起后肢麻痹；当膀胱括约肌发生麻痹时，则出现小便失禁。此外，患羊还表现食欲减退，甚至消失；由于不能正常采食和休息，体重逐渐减轻，显著消瘦、衰弱，常在数次发作后或陷于恶病质时死亡。

2. 剖检变化

急性死亡的羊见有脑膜炎和脑炎病变，还可见到六钩蚴在脑膜中移行时留下的弯曲伤痕。慢性期的病例则可在脑或脊髓的不同部位发现一个或数个大小不等的囊状多头蚴（图4-33）；在病变或虫体相接的颅骨处，骨质松软、变薄，甚至穿孔，致使皮肤向表面隆起；病灶周围脑组织或较远部位发炎，有时可见萎缩变性或钙化的多头蚴。

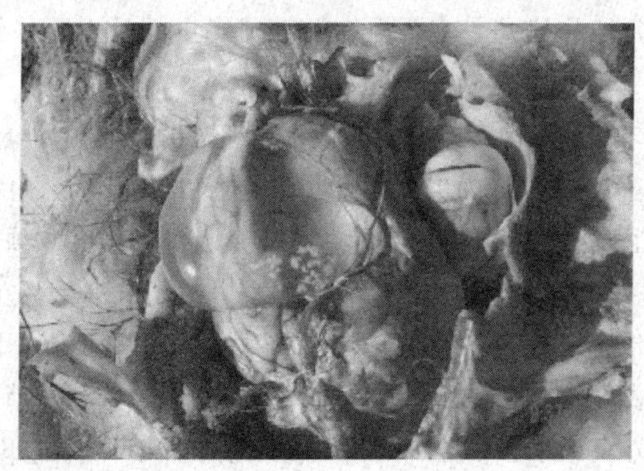

图4-33　羊脑内绦虫（脑包虫）

（三）防治措施

（1）治疗　该病可实施手术摘除寄生在脑髓表层的虫体，即在多头蚴充分发育后，根据囊体所在的部位，手术开口后先用注射器吸去囊中液体，使虫体缩小，然后完整地摘除虫体。药物治疗可用吡喹酮，病羊按每千克体重每日 50 毫克，连用 5 日；或按每千克体重每日 70 毫克，连用 3 日，可取得 80% 的疗效。

（2）预防　该病的主要预防措施是，防止犬等肉食兽吃到带有多头蚴的脑和脊髓；对患畜的脑和脊髓应烧毁或深埋；对护羊犬应进行定期驱虫；注意消灭野犬、狼、狐、豺等终末宿主，以防病原进一步的散布。

七、棘球蚴病

棘球蚴病亦称包虫病，是由数种棘球蚴虫的幼虫——棘球蚴寄生于绵羊、山羊、牛、马、猪、骆驼及人的肝、肺等脏器组织中所引起的一种严重的人兽共患寄生虫病。成虫以肉食兽为终末宿主，寄生于犬、狼、豺、狐和狮、虎、豹等动物的小肠内。

（一）病原

（1）羊的棘球蚴病　主要由细粒棘球蚴虫的幼虫——细粒棘球蚴所致。

细粒棘球蚴呈多种多样的囊泡状，大小可由黄豆粒大至人头大，囊内无病液体。细粒棘球蚴虫虫体很小，全长 2~7 毫米，由 1 个头节和 3~4 个节片组成。头节长 0.3 毫米，有 4 个吸盘和顶突，顶突上有两排小钩，共 28~50 个。

（2）生活史　成虫细粒棘球蚴虫寄生于犬、狼、狐等肉食兽小肠内，1 只犬感染虫体的数量甚至可达数千条之多，其孕卵节片或虫卵随粪便排出体外。当羊、牛等中间宿主食入被孕卵节片或虫卵所污染的饲草、饲料或饮水后，虫卵内的六钩蚴在其消化道内孵出并钻入肠壁血管内，随血流到达肝脏停留下来发育为棘球蚴；六钩蚴亦可继续随血液到达肺脏或身体的其他部位发育成为棘球蚴，在中间宿主体内棘球蚴的生长可持续数年之久。终末宿主肉食兽吞食了含有棘球蚴包囊的内脏及组织后，其包囊内的原头蚴在小肠内逸出，固着于肠壁上，逐渐发育为成虫（图 4–34）。

图 4–34　细粒棘球绦虫

（二）诊断要点

（1）临床症状　轻度感染和感染初期通常无明显症状；严重感染的羊被毛逆立，时常脱毛，营养不良，消瘦。肺部感染时有明显的咳嗽，咳后往往卧地，不愿起立。

（2）剖检变化　剖检病变主要见于虫体经常寄生的肝脏和肺脏。可见肝、肺表面凹凸不平，重量增大，有数量不等的棘球蚴囊泡突起，肝、肺实质中存在有数量不等、大小不一的棘球蚴包囊，囊内含有大量液体，除不育囊外，囊液沉淀后，即可见大量的包囊液。有的棘球蚴发生钙化和化脓。此外，在脾、肾、脑、脊椎管、肌肉及皮下偶可见有棘球蚴寄生。

（三）防治措施

进行综合性防治是杜绝该病传播和发生的主要途径。目前尚无有效药物。

由于犬类动物是本病的末端宿主和主要传染源，因此对患棘球蚴病畜的脏器一律进行深埋或烧毁，以防被犬类吃入成为传染源；做好饲料、饮水及圈舍的清洁卫生工作，防止被犬粪污染。应用氢溴酸槟榔碱给犬驱虫时，剂量按每千克体重 1~4 毫克，停食 12~18 小时后，口服。也可选用吡喹酮，剂量按每千克体重 5~10 毫克，口服。服药后，犬应

拴留一昼夜，收集所排出的粪便并与垫草等一同烧毁或深埋处理，以防病原扩散传播。

八、细颈囊尾蚴病

细颈囊尾蚴病是由泡状带绦虫的幼虫——细颈囊尾蚴寄生于绵羊、山羊、黄牛、猪等多种家畜的肝脏浆膜、网膜及肠系膜所引起的一种绦虫疾病。

（一）病原

（1）细颈囊尾蚴　俗称“水铃铛”，多悬垂于腹腔脏器上。虫体呈泡囊状，内含透明液体。囊体大小不一，最大可至小儿头大。泡状带绦虫。虫体长 75~500 厘米，链体由 250~300 个节片组成。虫卵近似圆形，长 36~39 微米，宽 31~35 微米，内含六钩蚴（图 4-35）。

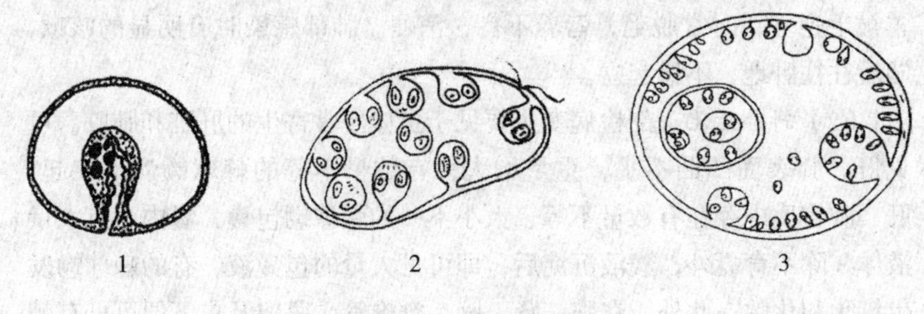

图 4-35　细颈囊尾蚴

1—囊尾蚴；2—多头蚴；3—棘球蚴

（2）生活史　成虫泡状带绦虫寄生于犬、狼、狐等肉食兽的小肠内，发育成熟后孕节或虫卵随粪便排出体外，污染草场、饲料或饮水。当中间宿主羊、牛等误食了孕节或虫卵后，在消化道内孵化出六钩蚴，钻入肠壁血管，随血流到达肝脏，并由肝实质内逐渐移行到肝脏表面寄生，或进入腹腔内寄生于大网膜、肠系膜及腹腔的其他部位，甚至可进入胸腔寄生于肺脏。幼虫生长发育 3 个月左右具有感染能力。

终未宿主肉食动物如吞食了含有细颈囊尾蚴的脏器后，在小肠内经过 52~78 天发育为成虫。

（二）诊断要点

细颈囊尾蚴病生前诊断非常困难，诊断时须参照其症状表现，并在尸体剖检时发现虫体（俗称“水铃铛”）（图 4-36）及相应病变才能确诊。

图 4-36　细颈囊尾蚴的“水铃铛”

（1）临床症状　通常成年羊症状表现不显著，羔羊则症状表现明显。当肝脏及腹膜在六钩蚴的作用下发生炎症时，可出现体温升高，精神沉郁，腹水增加，腹壁有压痛，甚至发生死亡。经过上述急性发作后则转为慢性病程，一般表现为消瘦、衰弱和黄疸等症状。

（2）剖检变化　慢性病例可见肝脏浆膜、肠系膜、网膜上具有数量不等、大小不一的虫体疱囊，严重时还可在肺和胸腔处发现虫体。急性病程时，可见急性肝炎及腹膜炎，肝脏肿大、表面有出血点，肝实质中有虫体移行的虫道，有时出现腹水并混有渗出的血液，病变部有尚在移行发育中的幼虫。

（三）防治措施

（1）治疗　目前尚无有效方法。

（2）预防　含有细颈囊尾蚴的脏器应进行无害化处理，未经煮熟严禁喂犬；在该病的流行地区应及时给犬进行驱虫；注意捕杀野犬、狼、狐等肉食兽；做好羊饲料、饮水及圈舍的清洁卫生工作，防止被犬粪污染。

九、反刍兽绦虫病

反刍兽绦虫病是由莫尼茨绦虫、曲子宫绦虫及无卵黄腺绦虫寄生于绵羊、山羊和牛的小肠所引起。

(一)病原

(1)莫尼茨绦虫　莫尼茨绦虫虫体呈带状。由头节、颈节及锥体部组成，全长可达6米，最宽处16~26毫米，呈乳白色。头节上有4个近于椭圆形的吸盘，无顶突和小钩。

(2)曲子宫绦虫　虫体可长达2米，宽约12毫米。每个节片有1组生殖器官，虫卵近于圆形。

(3)无卵黄腺绦虫　是反刍兽绦虫中较小的一类，虫体长2~3米，宽仅为3毫米左右由于虫节片中央的子宫相互靠近，肉眼观察能明显地看到虫体后部中央贯穿着一条白色的线状物。

(4)生活史　莫尼茨绦虫、曲子宫绦虫及无卵黄腺绦虫的中间宿主均为地螨。寄生于羊、牛小肠的绦虫成虫，它们的孕卵节片或虫卵随粪便排出后，如被地螨吞食，则虫卵内的六钩蚴在地螨体内发育为似囊尾蚴。当终未宿主羊、牛等反刍动物在采食时连同牧草一起吞食了含有似囊尾蚴的地螨后，似囊尾蚴在反刍动物消化道逸出，附着在肠壁上逐渐发育为成虫(图4-37)。

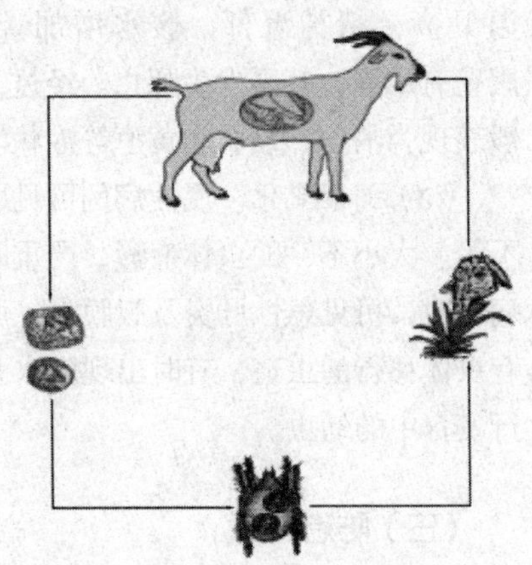

图4-37　羊绦虫生活史及传播方式

(二)诊断要点

(1)临床症状　患羊症状表现的轻重通常与感染虫体的强度及体质、年龄等因素密切相关。一般可表现为食欲减退，出现贫血与水肿。羔羊腹泻时，粪中混有虫体节片，有时还可见虫体的一段吊在肛门处。被毛粗乱无光，喜躺卧，起立困难，体重迅速减轻。若虫体阻塞肠管时，则出现肠膨胀和腹痛表现，甚至因肠破裂而死亡。有时病羊亦可出现转圈、肌肉痉挛或头向后仰等神经症状。后期，患畜仰头倒地，经常做咀嚼运动、四周围有泡沫，对外界反应几乎丧失，直至全身衰竭而死。

（2）剖检变化　剖检死羊可在小肠中发现数量不等的虫体；其寄生处有卡他性炎症，有时可见肠壁扩张，肠套叠乃至肠破裂；肠系膜、肠黏膜、肾脏、脾脏甚至肝脏发生增生性变性过程；肠黏膜、心内膜和心包膜有明显的出血点；脑内可见出血性浸润和出血；腹腔和颅腔贮有渗出液。

（三）防治措施

（1）治疗　可选择下列药物。

① 丙硫咪唑。剂量按每千克体重 5~20 毫克，做成 1% 的水悬液，口服。

② 氯硝柳胺。剂量按每千克体重 100 毫克，配成 10% 水悬液，口服。

③ 硫双二氯酚。剂量按每千克体重 75~100 毫克，包在菜叶里口服，亦可灌服。

④ 砷制剂。包括砷酸亚锡、砷酸铅及砷酸钙，各药剂量均按羔羊每只 0.5 克，成年羊每只 1 克，装入胶囊口服。

⑤ 硫酸铜。使用时，可将其配制成 1% 水溶液。为了使硫酸铜充分溶解，可在配制时每 1 000 毫升溶液中加入 1~4 毫升盐酸。配制的溶液应贮存于玻璃或木质的容器内。其治疗剂量为：1~6 月龄的绵羊 15~45 毫升；7 月龄至成年羊 50~100 毫升；成年山羊不超过 60 毫升。可用长颈细口玻璃瓶灌服。

⑥ 仙鹤草根芽粉。绵羊每只用量 30 克，1 次口服。

（2）预防　在虫体成熟前，即羊放牧后 30 天内进行第 1 次驱虫，再经 10~15 天后进行第 2 次驱虫，此法不仅可驱除寄生的幼虫，还可防止牧场或外界环境遭受污染。有条件的地区可实行科学轮牧。尽可能避免雨后、清晨和黄昏放牧，以减少羊吃进中间宿主——地螨的机会。结合牧场改良，进行深耕，种植优良牧草或农牧轮作，不仅能大量减少地螨还可提高牧草质量。

十、羊消化道线虫病

寄生于羊消化道的线虫种类很多，各种消化道线虫往往混合感染，对羊群造成不同程度的危害，是每年春乏季节造成羊死亡的重要原因之一。

（一）病原

（1）捻转血矛线虫　寄生于真胃，偶见于小肠。在真胃中属大型线虫。虫体线状，呈粉红色。雄虫长15~19毫米，其交合伞的背肋偏于左侧，呈倒“Y”字形。雌虫长27~30毫米，由于红色的消化管和白色的生殖管相互缠绕，形成红白相间的外观，俗称“麻花虫”。

（2）奥斯特线虫　寄生于真胃。虫体呈棕色，亦称棕色胃虫，长4~14毫米

（3）马歇尔线虫　寄生于真胃，似棕色胃虫，但虫体较大。

（4）毛圆线虫　寄生于小肠，偶可寄生于真胃和胰脏。虫体小、长5~6毫米，呈淡红色或褐色。

（5）细颈线虫　寄生于小肠或真胃，为小肠内中等大小的虫体。

（6）古柏线虫　寄生于小肠、胰脏，偶见于真胃。虫体呈红色或淡黄色，大小与毛圆线虫相似。

（7）仰口线虫　寄生于小肠。虫体较粗大，前端弯向背面，故有钩虫之称。

（8）食道口线虫　寄生于大肠。虫体较大，呈乳白色。

（9）夏伯特线虫　亦称阔口线虫，寄生于大肠。虫体大小近似食道口线虫。

（10）毛首线虫　寄生于盲肠。整个虫体形似鞭子，亦称鞭虫。虫体较大，是乳白色（图4-38）。

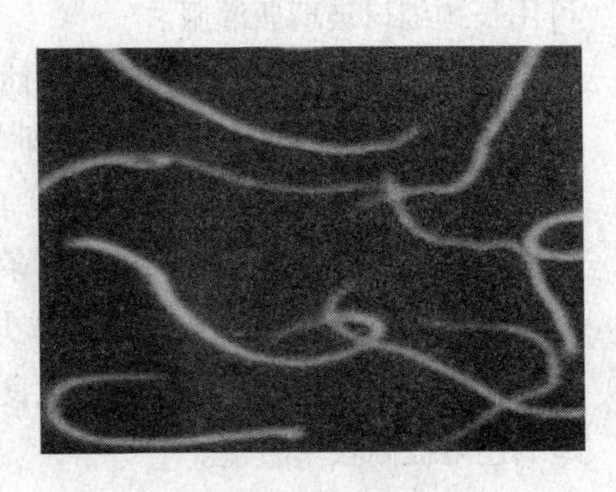

图4-38　消化道线虫

（11）生活史　羊的各种消化

道线虫均系上源性发育，即在它们的发育过程中不需要中间宿主的参加，家畜感染是由于吞食了被虫卵所污染的饲草、饲料及饮水所致，幼虫在外界的发育难以制约，从而造成了几乎所有羊只不同程度感染发病的状况。

上述各种线虫的虫卵随粪便排出体外，在外界适宜的条件下，绝大部分种类线虫的虫卵首先孵化出第一期幼虫，经过两次蜕化后发育成具有感染宿主能力的第三期幼虫。但毛首线虫的感染性幼虫是在虫卵内发育而成，并不孵化出来，在外界仅以感染性虫卵的形式存在。羊在吃草或饮水时如食入了线虫的感染性幼虫或感染性虫卵即被感染。仰口线虫的感染性幼虫除能经口感染外，还能直接钻入皮肤发生感染。病原进入羊体内后通常在它们各自的特定寄生部位再经两次蜕化，发育成为第五期幼虫，并逐渐发育为成虫。食道口线虫的感染性幼虫则需钻入大结肠和小结肠的固有膜深处形成包囊（结节），幼虫在包囊内发育成第五期幼虫后才自结节中返回肠腔发育为成虫。

（二）诊断要点

（1）临床症状　病羊感染各种消化道线虫的主要症状表现为，消化紊乱，胃肠道发炎，腹泻，消瘦，眼结膜苍白，贫血。严重病例下颌间隙水肿，羊体发育受阻。少数病例体温升高，呼吸、脉搏频数、心音减弱，最终病羊可因身体极度衰竭而死亡。

（2）剖检变化　剖检可见消化道各部有数量不等的相应线虫寄生。尸体消瘦，贫血，内脏显著苍白，胸、腹腔内有淡黄色渗出液，大网膜、肠系膜胶样浸润，肝、脾出现不同程度的萎缩、变性，真胃黏膜水肿，有时可见虫咬的痕迹和针尖大到粟粒大的小结节，小肠和盲肠黏膜有卡他性炎症，大肠可见到黄色小点状的结节或化脓性结节以及肠壁上遗留下的一些瘢痕性斑点。当大肠上的虫卵结节向腹膜面破溃时，可引发腹膜炎和泛发性粘连；向肠腔内破溃时，则可引起溃疡性和化脓性肠炎。

（三）防治措施

（1）治疗　可选择下列药物。

① 丙硫咪唑。剂量按每千克体重 5~20 毫克，口服。

② 左旋咪唑。剂量按每千克体重 5~10 毫克，混饲喂或作皮下、肌内注射。

③ 硫化二苯胺。剂量按每千克体重 600 毫克，用面汤做成悬浮液，灌服。

④ 噻苯唑。剂量按每千克体重 50 毫克，口服。该药对毛首线虫效果较差。

⑤ 精制敌百虫。剂量按绵羊每千克体重 80~100 毫克，山羊每千克体重 50~70 毫克，口服。

⑥ 甲苯唑。剂量按每千克体重 10~15 毫克，口服。

⑦ 硫酸铜。用蒸馏水配成 1% 溶液，剂量按大羊 100 毫升、中羊 80 毫升，小羊 50 毫升，山羊用量不得超过 60 毫升，灌服。

（2）预防　应在晚秋转入舍饲后和春季放牧前各进行 1 次计划性驱虫，因地区不同，选择驱虫的时间和次数可根据具体情况酌定。羊应饮用干净的流水或井水，尽可能避免吃露水草和在低湿处放牧，以减少感染机会；粪便可进行堆肥发酵，以杀死虫卵；加强饲养管理，提高羊的抗病能力。

十一、肺线虫病

羊肺线虫病是由网尾科和原圆科的线虫寄生在气管、支气管、细支气管乃至肺实质，引起的以支气管炎和肺炎为主要症状的疾病。肺线虫病在我国分布广泛，是羊常见的蠕虫病之一。

（一）病原

（1）大型肺线虫　该虫系大型白色虫体，肠管呈黑色，穿行于体内，口囊小而浅。

（2）小型肺线虫　小型肺线虫种类繁多，其中缪勒属和原圆属线虫分布最广，危害也较大。该类线虫虫体纤细，长12~28毫米，多见于细支气管和肺泡内。

（3）生活史　大型肺线虫与小型肺线虫的发育有所不同，即网尾科线虫发育过程无中间宿主参加，属土源性发育；而小型肺线虫在发育时需要中间宿主的参加，属生物源性发育。

各种肺线虫的虫卵在呼吸道产出后，上行至咽部，利用宿主咳嗽时，经咽部进入消化道，在此过程中孵化出第一期幼虫，第一期幼虫又随粪便排出体外。大型肺线虫的第一期幼虫在外界适宜条件下，约经1周发育为感染性幼虫；小型肺线虫的第一期幼虫则需钻入中间宿主多种陆螺或蛞蝓体内发育为感染性幼虫。存在于外界草场、饲料或饮水中和中间宿主体内的大、小型肺线虫的感染性幼虫被终末宿主羊吞食后，幼虫进入肠系膜淋巴结，经淋巴液循环到达右心，又随血流到达肺脏，虫体在此过程中经第四、第五两期幼虫的发育，最终在肺部各自的寄生部位发育为成虫。

（二）诊断要点

（1）临床症状　羊群遭受感染时，首先个别羊干咳，继而成群咳嗽，运动时和夜间咳嗽更为显著，此时呼吸声明显粗重，如拉风箱。在频繁而痛苦的咳嗽时，常咳出含有成虫、幼虫及虫卵的黏液团块。咳嗽时伴发啰音和呼吸急迫，鼻孔中排出黏稠分泌物，干涸后形成鼻痂，从而使呼吸更加困难。病羊常打喷嚏，逐渐消瘦、贫血，头、胸及四肢水肿，被毛粗乱。通常羔羊发病症状严重，死亡率也高；成年羊感染或羔羊轻度感染时，症状表现较轻。单独感染小型肺线虫时，病情亦比较轻缓，只是在病情加剧或接近死亡时，才明显表现为呼吸困难，出现干咳或暴发性咳嗽。

（2）剖检变化　剖检病变主要表现在肺部，可见有不同程度的肺膨胀和肺气肿，肺表面隆起，呈灰白色，触摸时有坚硬感（图4-39）；支气管中有黏性或脓性混有血丝的分泌团块；气管、支气管及细支气管内可发现数量不等的大、小肺线虫。

图 4-39　肺膨胀和肺气肿

（三）防治措施

（1）*治疗*　可选用下列药物。

① 丙硫咪唑。剂量按每千克体重 5~15 毫克，口服，对各种肺线虫均有良效。

② 苯硫咪唑。剂量按每千克体重 5 毫克，口服。

③ 左旋咪唑。剂量按每千克体重 7.5~12 毫克，口服。

④ 氰乙酸肼。剂量按每千克体重 17 毫克，口服；或每千克体重 15 毫克，皮下或肌内注射。该药对缪勒线虫无效。

⑤ 枸橼酸乙胺嗪（海群生）。剂量按每千克体重 200 毫克，内服；该药适合对感染早期幼虫的治疗。

（2）*预防*　该病流行区内，每年应对羊群进行 1~2 次普遍驱虫，并及时对病羊进行治疗。驱虫治疗期应注意收集粪便进行生物热处理；羔羊与成年羊应分群放牧，并饮用流动水或井水；有条件的地区可实行轮牧，避免在低温沼泽地区放牧；冬季羊群应予适当补饲，补饲期间每隔 1 日可在饲料中加入硫化二苯胺，按成年羊每只 1 克、羔羊每只 0.5 克计，让羊自由采食，能大大减少病原的感染。对小型肺线虫病，亦应注意消灭其中间宿主。

十二、螨病

羊螨病是由疥螨和痒螨寄生在体表而引起的慢性寄生性皮肤病。具有高度传染性，往往在短期内可引起羊群严重感染，危害十分严重。

（一）病原

（1）疥螨　疥螨寄生于皮肤角化层下，并不断在皮内挖凿隧道，虫体即在隧道内不断发育和繁殖。疥螨的成虫形态特征为：虫体小，长 0.2~0.5 毫米，肉眼不易看见；体呈圆形，浅黄色，体表生有大量小刺。

（2）痒螨　寄生在皮肤表面。虫体呈长圆形，较大，长 0.5~0.9 毫米，肉眼可见（图 4-40）。

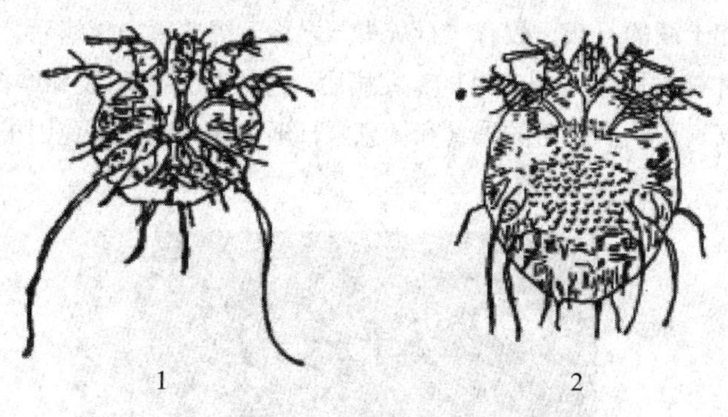

图 4-40　羊疥癣病病原—疥螨背面

1—雄成虫虫体；2—雌成虫虫体

（3）生活史　疥螨与痒螨的全部发育过程都在宿主体上渡过，包括虫卵、幼虫、若虫和成虫 4 个阶段，其中雄螨有 1 个若虫期，雌螨有 2 个若虫期。疥螨的发育是在羊的表皮内不断挖凿隧道，并在隧道中不断繁殖和发育，完成一个发育周期需 8~22 天。痒螨在皮肤表面进行繁殖和发育，完成一个发育周期 10~12 天。本病的传播是由于健畜与患畜直接接触，或通过被螨及其卵所污染的厩舍、用具的间接接触引起感染。

（二）诊断要点

该病主要发生于冬季和秋末、春初。发病时，疥螨病一般始发于皮肤柔软且毛短的部位，如嘴唇、口角、界面、眼圈及耳根部，以后皮肤炎症逐渐向周围蔓延；痒螨病则起始于被毛稠密和温度、湿度比较恒定的皮肤部位，如绵羊多发生于背部、臀部及尾根部，以后才向体侧蔓延。

（1）临床症状　该病初发时，因虫体小刺、刚毛和分泌的毒素刺激神经末梢，引起剧痒，可见病羊不断在圈墙、栏柱等处摩擦；在阴雨天气、夜间、通风不好的圈舍以及随着病情的加重，痒觉表现更为剧烈；由于患羊的摩擦和啃咬，患部皮肤出现丘疹、结节、水疱，甚至脓疱，以后形成痂皮和龟裂。绵羊患疥螨病时，因病变主要局限于头部，病变皮肤有如干涸的石灰，故有“石灰头”之称。绵羊感染痒螨后，可见患部有大片被毛脱落（图 4-41）。发病后，患羊因终日啃咬和摩擦患部，烦躁不安，影响了正常的采食和休息。日渐消瘦，最终不免因极度衰竭而死亡。

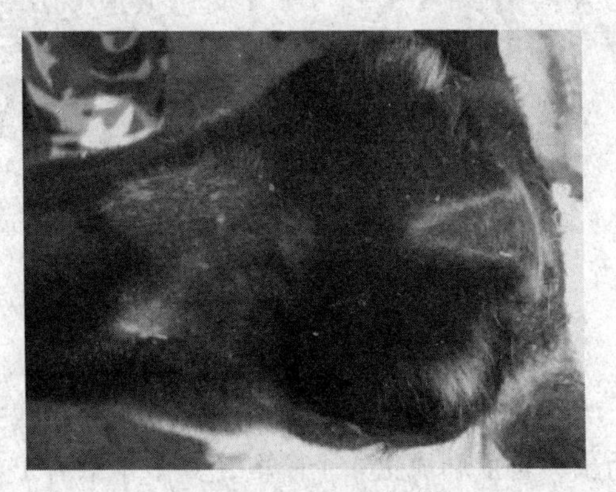

图 4-41　疥癣病羊

（2）类症鉴别

① 与湿疹的鉴别。湿疹痒觉不剧烈，且不受环境、温度影响，无

传染性，皮屑内无虫体。

② 与秃毛癣的鉴别。秃毛癣患部呈圆形或椭圆形，境界明显，其上覆盖的浅黄色干痂易于剥落，痒觉不明显。镜检经10%氢氧化钾处理的毛根或皮屑，可发现癣菌的孢子或菌丝。

③ 与虱和毛虱的鉴别。虱和毛虱所致的症状有时与螨病相似，但皮肤炎症、落屑及形成痂皮程度较轻，容易发现虱及虱卵，病料中找不到螨虫。

（三）防治措施

1. 治疗

治疗方法及注意事项如下。

（1）*注射药物疗法*　可选用伊维菌素（害获灭）或与伊维菌素药理作用相似的药物，此类药物不仅对螨病，而且对其他的节肢动物疾病和大部分线虫病均有良好疗效。应用伊维菌素时，剂量按每千克体重50~100微克。

（2）*涂药疗法*　适合于病畜数量少，患部面积小的情况，可在任何季节应用，但每次涂药面积不得超过体表的1/3。可选用的药物如下。

① 克辽林擦剂。克辽林1份、软肥皂1份、酒精8份，调和即成。

② 5%敌百虫溶液。来苏儿5份，溶于温水100份中，再加入5份敌百虫即成。

此外，亦可应用林丹、单甲脒、双甲脒、溴氰菊酯（倍特）等药物，按说明书涂擦使用。

（3）*药浴疗法*　该法适用于病畜数量多且气候温暖的季节，也是预防本病的主要方法。药浴时，药液可选用0.025%~0.030%林丹乳油水溶液，0.05%蝇毒磷乳剂水溶液，0.5%~1.0%敌百虫水溶液，0.05%辛硫磷乳油水溶液，0.05%双甲脒溶液等。

（4）*治疗时的注意事项*

① 为使药物有效杀灭虫体，涂擦药物时应剪去患部周围被毛，彻底清洗并除去痂皮及污物。大规模药浴最好选择山羊抓绒、绵羊剪毛后数天时进行。药液温度应按药物种类所要求的温度予以保持，药浴时间

应维持 1 分钟左右，药浴时应注意羊头的浸泡。

② 大规模治疗时，应对选用的药物预做小群安全试验。药浴前让羊饮足水，以免误饮药液。工作人员亦应注意自身安全防护。

③ 因大部分药物对螨的虫卵无杀灭作用，治疗时可根据使用药物情况重复用药 2~3 次，每次间隔 5 天，方能杀灭新孵出的螨虫，达到彻底治愈的目的。

2. 预防

每年定期对羊群进行药浴，可取得预防与治疗的双重效果；加强检疫工作，对新购入的羊应隔离检查后再混群；经常保持圈舍卫生、干燥和通风良好，定期对圈舍和用具清扫和消毒；对患羊应及时治疗，可疑患羊应隔离饲养；治疗期间，应注意对饲养人员、圈舍、用具同时进行消毒，以免病原散布，不断出现重复感染。

十三、羊鼻蝇蛆病

羊鼻蝇蛆病是由羊鼻蝇的幼虫寄生在羊的鼻腔及附近腔窦内所引起的疾病。在我国西北、东北、华北地区较为常见。羊鼻蝇主要危害绵羊，对山羊危害较轻。病羊表现为精神不安，体质消瘦，甚至发生死亡。

(一) 病原

(1) 成虫　羊鼻蝇形似蜜蜂，全身密生短绒毛，体长 10~12 毫米；头大呈半球形、黄色。

(2) 幼虫　第一期幼虫呈淡黄白色，长 1 毫米；第二期幼虫呈椭圆形，长 20~25 毫米，体表刺不明显，后气门呈弯肾形；第三期幼虫长约 30 毫米，背面拱起（图 4-42）。

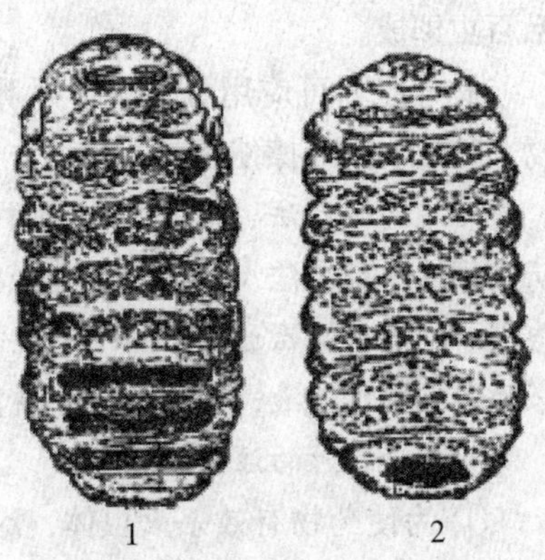

图 4-42　羊鼻蝇第三期幼虫

1—背面；2—腹面

（3）生活史　羊鼻蝇的发育需经幼虫、蛹及成虫3个阶段。成虫出现于每年5~9月间，雌雄交配后，雄虫很快死亡，雌虫则于有阳光的白天以急剧而突然的动作飞向羊鼻，将幼虫产在羊鼻孔内或羊鼻孔周围，雌虫在数天内产完幼虫后亦很快死亡。产出的第一期幼虫活动力很强，爬入鼻腔后以其口前钩固着于鼻黏膜上，并逐渐向鼻腔深部移行，到达额窦或鼻窦内（有些幼虫还可以进入颅腔），经两次蜕化发育为第三期幼虫。幼虫在鼻腔内寄生9~10个月，到翌年春天，发育成熟的第三期幼虫由鼻腔深部向浅部返回移行，当患羊打喷嚏时，将其喷出鼻孔，第三期幼虫即在土壤表层或羊粪内化蛹，蛹的外表形态与第三期幼虫相同。蛹经1~2个月羽化为成虫。成虫寿命2~3周。在温暖地区羊鼻蝇1年可繁殖两代，在寒冷地区每年繁殖1代。

（二）诊断要点

临床症状　羊鼻蝇幼虫进入羊鼻腔、额窦及鼻窦后，在其移行过程中，由于体表小刺和口前钩损伤黏膜引起鼻炎，可见羊流出多量鼻液，鼻液初为浆液性，后为黏液性和脓性，有时混有血液；当大量鼻液干涸在鼻孔周围形成硬痂时，使羊发生呼吸困难。此外，可见病羊表现不安，打喷嚏，时常摇头，擦鼻，眼睑浮肿，流泪，食欲减退，日渐消瘦。症状表现可因幼虫在鼻腔内的发育期不同而持续数月。通常感染不久呈急性表现，以后逐渐好转，到幼虫寄生的晚期，则疾病表现更为剧烈。有时，当个别幼虫进入颅腔损伤了脑膜或因鼻窦发炎而波及脑膜时可引起神经症状，病羊表现为运动失调，旋转运动。头弯向一侧或发生麻痹；最后病羊食欲废绝，因极度衰竭而死亡。

（三）防治措施

防治该病应以消灭第一期幼虫为主要措施。各地可根据不同气候条件和羊鼻蝇的发育情况，确定防治的时间，一般在每年11月份进行为宜。可选用如下药物。

精制敌百虫。

①口服。剂量按每千克体重0.12克，配成2%溶液，灌服。

② 肌内注射。取精制敌百虫 60 克，加 95% 酒精 31 毫升，在瓷容器内加热溶解后，加入 31 毫升蒸馏水，再加热至 60~65℃，待药完全溶解后，加水至总量 100 毫升，经药棉过滤后即可注射。剂量按羊体重 10~20 毫克用 0.5 毫升；体重 20~30 千克用 1 毫升；体重 30~40 千克用 1.5 毫升；体重 40~50 千克用 2 毫升；体重 50 千克以上用 2.5 毫升。

十四、羊梨形虫病

羊梨形虫病是由泰勒科和巴贝斯科的各种梨形虫引起的血液原虫病。其中绵羊泰勒虫和绵羊巴贝斯虫是使绵羊和山羊致病的主要病原体；疾病由硬蜱吸血时传播。该病在我国甘肃、青海和四川等地均有发生，常造成羊大批死亡，危害严重。

（一）病原

（1）绵羊泰勒虫　寄生在红细胞内的虫体大多数呈圆形和卵圆形，约占 80%，其次为杆状，圆点状较少。圆形虫体的直径为 0.6~2.0 微米，卵圆形虫体长约 1.6 微米。

（2）绵羊巴贝斯虫　病原寄生于红细胞内，虫体有双梨籽形、单梨籽形、椭圆形和变形虫等各种形状，其中双梨籽形占 60% 以上，其他形状虫体较少。梨籽形虫体为（2.5~3.5）微米 ×1.5 微米，大于红细胞半径；虫体有两个染色质团块。双梨籽虫体尖端以锐角相连，位于红细胞中央。

（3）生活史　羊梨形虫的生活史尚不十分明了，有待更加详尽的研究。资料记载，我国绵羊巴贝斯虫病的主要传播者为扇头蜱属的蜱，绵羊泰勒虫病的主要传播者为血蜱属的蜱，病原在蜱体内要经过有性的配子生殖并产生子孢子，当蜱吸血时即将病原注入羊体内。绵羊巴贝斯虫寄生于羊的红细胞内并不断进行无性繁殖；绵羊泰勒虫在羊体内首先侵入网状内皮系统细胞，在肝、脾、淋巴结和肾脏内进行裂体繁殖（石榴体），并继而进入红细胞内寄生。病原的传播者——上述种类的硬蜱吸食羊血液时，病原又进入蜱体内发育，如此周而复始，流行发病。

（二）诊断要点

临床症状与剖检变化。

（1）泰勒虫感染　病羊主要表现：病初体温升高至40~42℃，呈稽留热型；呼吸急促，鼻发鼾声；心律不齐；食欲减退，便秘或腹泻；精神沉郁，四肢僵硬，喜卧地；眼结膜初为充血，继而苍白，并轻度黄染；羊体逐渐消瘦；体表淋巴结肿大，肩前淋巴结肿大尤为显著，可由核桃大至鸭蛋大，触之有痛感。

死于泰勒虫感染的羊，可见尸体消瘦，贫血；全身淋巴结不同程度的肿大，尤以肩前、肠系膜、肝、肺等处更为明显；肝脏、胆囊、脾脏显著肿大并有出血点；肾脏呈黄褐色，表面有淡黄色或灰白色结节和小出血点；真胃黏膜有溃疡斑，肠黏膜有少量出血点。

（2）巴贝斯虫感染　病羊的主要症状为，体温升高至41~42℃，稽留数日或直至死亡；呼吸浅表，脉搏加速，精神萎靡，食欲减退乃至废绝；黏膜苍白，显著黄染；时而出现血红蛋白尿，并出现腹泻；红细胞每立方毫米减少至200万~400万，大小不匀。

剖检死于巴贝斯虫感染的羊时，可见黏膜与皮下组织贫血、黄染；肝、脾肿大变性，有出血点；胆囊肿大2~4倍；心内、外膜及浆、黏膜亦有出血点和出血表现；肾脏充血发炎；膀胱扩张，充满红色尿液。

（三）防治措施

（1）治疗　可选用下列药物。

① 贝尼尔。剂量按每千克体重7~10毫克，以蒸馏水配成溶液，肌内注射1~2次。

② 阿卡普林。剂量按每千克体重使用5%的水溶液0.02毫升，皮下注射或肌内注射。脉搏加快时，可将总量分3次注射，每2小时1次。必要时，24小时后可重复用药。

③ 黄色素。剂量每千克体重3毫克，配成0.5%~1.0%水溶液，静脉注射。注射时药物不可漏出血管外。注射后数天内须避免强烈阳光照射，以免灼伤。症状未见减轻时，间隔24~48小时再注射1次。

治疗同时应辅以强心、补液等措施，加强管理，以使患羊早日治愈。

（2）预防　在本病的流行地区，应于每年发病季节对羊群进行药物预防注射；同时做好灭蜱工作，防止蜱叮咬传播疾病，对输入的羊，应经隔离检疫后再合群。

十五、弓形虫病

弓形虫病是由孢子虫纲的原生动物——龚地弓形虫所引起的一种人兽共患寄生虫病。

（一）病原

根据弓形虫的不同发育阶段，虫体分为5个类型。速殖子和包囊出现在中间宿主体内，裂殖体、配子体和卵囊则只出现在终未宿主的发育阶段。

生活史为弓形虫在发育过程中具有两个类型的宿主，在终未宿主猫及某些猫科动物体内进行等孢球虫相发育，在中间宿主体内进行弓形虫相发育。

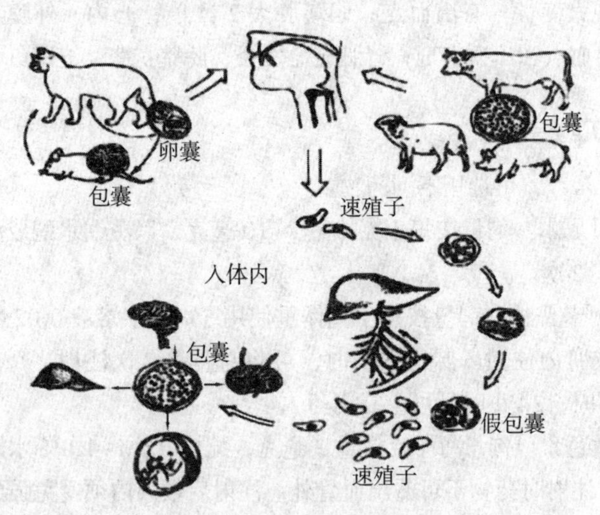

图4-43　弓形虫生活史和传播方式

猫吞食了弓形虫的包囊、假囊及已成熟的卵囊后，慢殖子、速殖子或子孢子进入消化道侵入上皮细胞，开始进行等孢球虫相的发育和繁殖。卵囊、包囊及速殖子经口或受损的皮肤、黏膜侵入中间宿主体内后，通过淋巴、血液循环进入有核细胞，在有核细胞的胞浆内主要以内出芽的方式进行繁殖，形成假囊，当宿主细胞被破坏后，释放出速殖子又进入新的有核细胞内继续繁殖。经过一定时间的繁殖后，转入神经、肌肉组织和一些脏器内形成包囊型虫体（图 4–43）。

（二）诊断要点

临床症状及剖检变化　大多数成年羊呈隐性感染，主要表现为妊娠羊常于正常分娩前 4~6 周出现流产，其他症状不明显。流产时，大约一半的胎膜有病变，绒毛叶呈暗红色，在绒毛中间有许多直径为 1~2 毫米的白色坏死灶。产出的死羔皮下水肿，体腔内有过多的液体，肠内充血，脑尤其是小脑前部有广泛性非炎症性小坏死点。此外，在流产组织内可发现弓形虫。

少数病例可出现神经系统和呼吸系统症状，表现呼吸困难，咳嗽，流泪，流涎，有鼻液，走路摇摆，运动失调，视力障碍，心跳加快，体温 41℃以上，呈稽留热，腹泻等。剖检可见淋巴结肿大，边缘有小结节，肺表面有散在的小出血点，胸、腹腔有积液。此时，肝、肺、脾、淋巴结涂片检查可见弓形虫速殖子。

（三）防治措施

（1）*治疗*　对急性病例可应用磺胺类药物，与抗菌增效剂联合使用效果更好，亦可考虑使用四环素族抗生素和螺旋霉素等。上述药物通常不能杀灭包囊内的慢殖子，常用药物如下。

① 磺胺嘧啶 + 甲氧苄胺嘧啶。前者每千克体重 70 毫克，后者按每千克体重 14 毫克，每日 2 次，口服，连用 3~4 天。

② 磺胺甲氧吡嗪 + 甲氧苄胺嘧啶。前者剂量为每千克体重 30 毫克，后者剂量为每千克体重 10 毫克，每日 1 次，口服。连用 3~4 天。

③ 磺胺 –6– 甲氧嘧啶。剂量按每千克体重 60~100 毫克；或配合

甲氧苄胺嘧啶（每千克体重 14 毫克），每日 1 次，口服，连用 4 次。可迅速改善临床症状，并有效地阻抑速殖子在体内形成包囊。

（2）预防　应做好畜舍卫生工作，定期消毒；饲草、饲料和饮水严禁被病畜的排泄物污染；对羊的流产胎儿及其他排泄物要进行无害化处理，流产的场地亦应严格消毒；死于本病或疑为本病的羊尸，要严格处理，以防污染环境或被猫及其他动物吞食。

十六、羊脑脊髓丝虫病

脑脊髓丝虫病是由指形丝状线虫和唇乳突丝状线虫的晚期幼虫（童虫）迷路侵入山羊的脑或脊髓的硬膜下或实质中引起的疾病。病的特征是患羊后躯歪斜，行走困难，卧地不起，褥疮，食欲下降，消瘦，贫血而死亡。

（一）病原

病原体为丝状科，丝状属的指形丝状线虫和唇乳突丝状线虫幼虫。

指形丝状线虫的微丝蚴，体长 249.3~400 微米，宽 8.4~9.0 微米，体态弯曲自然，多呈“S”形、“C”形或其他弯曲形，也有扭成一结或两结的，具有头隙，一般长大于宽。

生活史：成虫于羊腹腔内产出微丝蚴（胎生），微丝蚴进入宿主的血液中，半周期性地出现于末梢血液中，中间宿主——蚊类吸血时进入蚊体，经 14 天左右发育成为感染性微丝蚴（第三期幼虫），长 2 300 微米，然后集中到蚊的胸肌和口器内，当带有此类虫体的蚊吸取山羊血液时，将感染性幼虫注入非固有宿主羊体内，可经淋巴（血液）侵入脑脊髓表面，发育为童虫，长 1.5~4.5 厘米，形态结构类似成虫。在其发育过程中，引起脑脊髓丝虫病。

（二）诊断要点

1. 症状

（1）急性型　发病急骤，神经症状明显。山羊在放牧时突然倒地不起，眼球上翻，颈部肌肉强直或痉挛或颈部歪斜，呈兴奋、骚乱、空嚼及叫鸣等神经症状。此种急性抽搐过去后，如果将羊扶起，可见四肢强直，向两侧叉开，步态不稳，如醉酒状。当颈部痉挛严重时，病羊向斜侧转圈。

（2）慢性型　此型较多见，病初患羊无力，步态踉跄，多发生于一侧后肢，也有两后肢同时发生的。此时体温、呼吸、脉搏无变化，患羊可继续正常存活，但多遗留臀部歪斜及斜尾等症状；运动时，容易跌倒，但可自行起立，继续前进，故病羊仍可随群放牧，母羊产奶量仍不降低。当病情加剧，两后肢完全麻痹，则患羊呈犬坐姿势，不能起立，但食欲精神仍正常。直至长期卧地，发生褥疮才食欲下降，逐渐消瘦，以致死亡。

2. 病理变化

本病的病理变化，是随着丝虫幼虫逐渐进入脑脊髓发育为童虫的过程中引起的寄生性、出血性、液化坏死性脑脊髓炎，并有不同程度的浆液性、纤维素性脑脊髓膜炎而展开的。病变主要是在脑脊髓的硬膜，蛛网膜有浆液性、纤维素性炎症和胶样浸润灶，以及大小不等的呈红褐色、暗红色或绛红色的出血灶，在其附近有时可发现虫体。脑脊髓实质病变明显，以白质区为多，可见由于虫体引起的大小不等的斑点状、线条状的黄褐色破坏性病灶，以及形成大小不同的空洞和液化灶，膀胱黏膜增厚，充满絮状物的尿液，若膀胱麻痹则尿盐沉着，蓄积呈泥状。组织学检查，发病部的脑脊髓呈现非化脓性炎症，神经细胞变性，血管周围出血、水肿，并形成管套状变化。在脑脊髓神经组织的虫伤性液化坏死灶内，可见有大型色素性细胞，经铁染色，证实为吞噬细胞，这是本病的一个特征性变化。

（三）防治措施

1. 治疗

应在早期诊断的基础上，进行早期治疗。以免虫体侵害脑脊髓实质，造成不易恢复的虫伤性病灶。

① 海群生。每千克体重 50 毫克，口服，隔日 1 次，2~4 次为一疗程。

② 酒石酸锑钾。用4%酒石酸锑钾静脉注射，按每千克体重8毫克计算，注射3~4次，隔日1次。

③ 左旋咪唑。对初发病羊（5天内的发病羊），剂量按每千克体重8毫克，配成10%的溶液皮下注射，早、晚各1次，疗效100%。

2. 预防

① 在本病流行季节，对羊只以每3~4周用海群生、锑制剂或左旋咪唑的治疗剂量，普遍用药一次。

② 搞好环境卫生是消灭蚊子最有效的预防方法。在蚊子飞翔季节常以杀蚊药物喷洒羊舍或烟熏。

③ 羊舍应建在干燥通风处，远离牛圈，应尽量防止羊与牛的接触。

十七、羊球虫病

羊球虫病是由艾美科艾美耳属的球虫寄生于羊肠道所引起的一种原虫病，发病羊只呈现下痢、消瘦、贫血、发育不良等症状，严重者导致死亡，主要危害羔羊。

（一）病原

山羊球虫病的病原体系艾美尔科艾美尔属的原虫。羊球虫具有宿主特异性，寄生于山羊和绵羊的一些球虫是形态相似的不同的种，

生活史：山羊艾美尔球虫属直接发育型，不需要中间宿主，须经过无性生殖、有性生殖和孢子生殖3个阶段。孢子化卵囊被羊吞食后，在胃液的作用下，孢子逸出，迅速侵入肠道上皮细胞，进行多世代的无性生殖，形成裂殖体和裂殖子。

（二）诊断要点

（1）流行病学　各种品种的绵羊、山羊对球虫均有易感性，但山羊感染率高于绵羊；1岁以下的感染率高于1岁以上的，成年羊一般都是带虫者。据调查，1~2月龄春羔的粪便中，常发现大量的球虫卵囊。流行季节多为春、夏、秋三季；感染率和强度依不同球虫种类及各地的气候条件而异。冬季气温低，不利于卵囊发育，很少发生感染。

本病的传染源是病羊和带虫山羊，卵囊随山羊粪便排至外界，污染牧草、饲料、饮水、用具和环境，经消化道使健康山羊获得感染。所有品种的各种年龄的山羊对球虫均有易感性，但1~3月龄的羔羊发病率和死亡率较高，发病率几乎为100%，死亡率可高达60%以上。成年山羊感染率也相当高，也不乏每克粪便卵囊数很高的例子，但不发病或很少发病，这可能是一种年龄免疫现象，仅为带虫者，成为病原的主要传染来源。饲料和环境的突然改变，长途运输，断乳和恶劣的天气和饲养条件差都可引起山羊的抵抗力下降，导致球虫病的突然发生。

（2）临床症状　潜伏期为11~17天。本病可能依感染的种类、感染强度、羊只的年龄、抵抗力及饲养管理条件等不同而发生急性或慢性过程。急性经过的病程为2~7天，慢性经过的病程可长达数周。病羊精神不振，食欲减退或消失，体重下降，可视黏膜苍白，腹泻，粪便中常含有大量卵囊。体温上升到40~41℃，严重者可导致死亡，死亡率常达10%~25%，有时可达80%以上。

病初山羊出现软便，粪不成形，但精神、食欲正常。3~5天后开始下痢，粪便由粥样到水样，黄褐色或黑色，混有坏死黏液、血液及大量的球虫卵囊，食欲减退或废绝，渴欲增加。随之精神委顿，被毛粗乱，迅速消瘦，可视黏膜苍白，体温正常或稍高，急性经过1周左右，慢性病程长达数周，严重感染的最后衰竭而死，耐过的则长期生长发育不良。成年山羊多为隐性感染，临床上无异常表现。

（3）病理变化　呈混合感染的病羊的内脏病变主要发生在肠道、肠系膜淋巴结、肝脏和胆囊等组织器官。小肠壁可见白色小点、平斑、突起斑和息肉，以及小肠壁增厚、充血、出血，局部有炎症，有大量的炎性细胞浸润，肠腺和肠绒毛上皮细胞坏死，绒毛断裂，黏膜脱落等。肠系膜淋巴结水肿，被膜下和小梁周围的淋巴窦和淋巴管的内皮细胞中有球虫的内生殖阶段的虫体寄生，局部有炎性细胞浸润，淋巴管扩张，伴有淋巴细胞和浆细胞渗出现象。肝脏可见轻度肿大、淤血，肝表面和实质有针尖大或粟粒大的黄白色斑点，胆管扩张，胆汁浓厚呈红褐色，内有大量块状物。胆囊壁水肿、增厚，整个胆囊壁有单核细胞浸润，固有层有小出血点，绒毛短粗，腺和绒毛上皮细胞有局部性坏死，有小裂殖

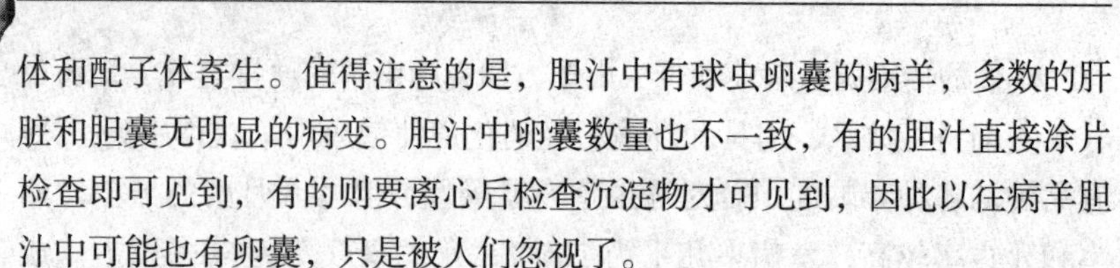

体和配子体寄生。值得注意的是，胆汁中有球虫卵囊的病羊，多数的肝脏和胆囊无明显的病变。胆汁中卵囊数量也不一致，有的胆汁直接涂片检查即可见到，有的则要离心后检查沉淀物才可见到，因此以往病羊胆汁中可能也有卵囊，只是被人们忽视了。

（三）防制措施

（1）治疗　据报道，氨丙啉和磺胺对本病有一定的治疗效果。用药后，可迅速降低卵囊排出量，减轻症状。可选用的治疗药物如下。

① 盐霉素，按每天每千克体重 0.33~1.0 毫克混饲，连喂 2~3 天。

② 氨丙啉，按每天每千克体重 145 毫克混饲，连喂 2~3 周。

③ 对急性病例用磺胺二甲氧嘧啶，按每天每千克体重 50~100 毫克，服用 4~5 天。

（2）预防　较好的饲养管理条件可大大降低球虫病的发病率，圈舍应保持清洁和干燥，饮水和饲料要卫生，注意尽量减少各种应激因素。放牧的羊群应定期更换草场，由于成年羊常常是球虫病的病源，因此最好能将羔羊和成年羊分开饲养。

第五章　羊主要普通病的防治

第一节　内科病

一、口炎

羊口炎是羊的口腔黏膜表层和深层组织的炎症。

（一）病因

原发性口炎多由外伤引起；继发性口炎则多发生于羊患口疮、口蹄疫、羊痘、霉菌性口炎、过敏反应和羔羊营养不良时。

（二）诊断要点

病羊表现食欲减少，口内流涎，咀嚼缓慢，欲吃而不敢吃，当继发细菌时有口臭。卡他性口炎，病羊表现口黏膜发红、充血、肿胀、疼痛，特别在唇内、齿龈、颊部明显；水疱性口炎，病羊的上下唇内有很多大小不等的充满透明或黄色液体的水疱；溃疡性口炎，在黏膜上出现有溃疡性病灶，口内恶臭，体温升高。上述各类型口炎可以单独出现，也可相继或交错发生。在临床上以卡他性（黏膜的表层）口炎较为多见。继发性口炎常伴有关疾病的其他症状。

（三）防治措施

（1）预防　加强管理，防止外伤性原发口炎，传染病并发口炎，应隔离消毒。饲槽、饲草可用 2% 的碱水刷洗消毒。

（2）治疗　喂给柔软富含营养易消化的草料，要补喂牛奶、羊奶；轻度口炎的病羊可选用 0.1% 高锰酸钾、0.1% 雷佛夫奴尔水溶液、3% 硼酸水、10% 浓盐水、2% 明矾水、鲁格液等反复冲洗口腔，洗毕后涂碘甘油，每天 1~2 次，直至痊愈为止；口腔黏膜溃疡时，可用 5% 碘酊、碘甘油、龙胆紫溶液、磺胺软膏、四环素软膏等涂拭患部；病羊体温升高，继发细菌感染时，可用青霉素 40 万 ~80 万单位，链霉素 100 万单位，肌内注射，每天 2 次，连用 2~3 天；或服用或注射磺胺类药物。

二、谷物酸中毒

谷物酸中毒是因羊采食或偷食谷物饲料过多，从而引起瘤胃内产生乳酸的异常发酵，使瘤胃内微生物增多和纤毛虫生理活性降低的一种消化不良疾病。

（一）病因

主要为过食富含碳水化合物的谷物如大麦、小麦、玉米、高粱、水稻，或谷皮和豆粕等精饲料所引起。

（二）诊断要点

通常在过食谷物饲料后 4~6 小时发病，呈急性消化不良，表现精神沉郁，腹胀，喜卧，亦见有腹泻，很快死亡。

一般症状为食欲、反刍减少，很快废绝，瘤胃蠕动变弱，很快停止。触诊瘤胃胀软，内容物为液体。体温正常或升高，心律和呼吸增数，眼球下陷，血液黏稠，皮肤丧失弹性，尽量减少，常伴有瘤胃炎和蹄叶炎。

（三）防治措施

加强饲养管理，严防羊偷食谷物饲料及突然增加浓厚精饲料的喂量，应控制喂量，做到逐步增加，使之适应。

中和胃液酸度，用5%碳酸氢钠1 500毫升胃管洗胃，或用石灰水洗胃。石灰水制作：生石灰1千克，加水5升，搅拌均匀，沉淀后用上清液。

强心补液可用5%葡萄糖盐水500~1 000毫升，10%樟脑磺酸钠5毫升，混合静脉注射。

健胃轻泻用大黄苏打片15片、陈皮酊10毫升、豆蔻酊5毫升、石蜡油100毫升，混合加水，1次内服。

三、食管阻塞

食管阻塞又称食管梗阻，食物或异物突然阻塞在食管内，发生吞咽障碍。本病按发病的程度和部位分完全阻塞和不完全阻塞以及咽部、颈部、胸部阻塞。

（一）病因

主要是由于羊抢食、贪食一大口食物或异物，又未经咀嚼便囫囵吞下所致，或在垃圾堆放处放牧，羊采食了菜根、萝卜、塑料袋、地膜等阻塞性食物或异物而引起。继发性阻塞见于异嗜癖（营养缺乏症）、食管狭窄、扩张、憩室、麻痹、痉挛及炎症等病程中。

（二）症状与诊断

本病发病急速，采食顿然停止，仰头缩颈，极度不安，口和鼻流出白沫。用胃导管探诊，胃管不能通过阻塞部。因反刍、嗳气受阻，常继发瘤胃臌气。诊断依据胃管探诊和X射线检查可以确诊。若阻塞物部位在颈部，可用手外部触诊摸到。

（三）防治

应采取紧急措施，排除阻塞物．治疗过程中应滑润食管的管腔，解除痉挛，消除阻塞物。治疗中若继发臌气，可施行瘤胃放气术，以防窒息。可采用吸取法，若阻塞物属草料团，可将羊保定好，送入胃管，用橡皮球吸水，注入胃管中，再吸出，反复冲洗阻塞食团，直至食管通畅；也可用送入法，若阻塞物体积不大、阻塞在贲门部，应先用胃管投入10毫升石蜡油及2%普鲁卡因10毫升，滑润解痉，再用胃管送入瘤胃中；砸碎法，若阻塞部位在颈部，阻塞物易碎，可将羊放倒于地，贴地面部垫上布鞋底，用拳头或木槌打击，击碎阻塞物。

四、前胃弛缓

羊前胃弛缓是前胃兴奋性和收缩力降低的疾病。

（一）病因

主要是羊体质衰弱，再加上长期饲喂粗硬难以消化的饲草；突然更换饲养方法，供给精料过多，运动不足等；饲料品质不良，霉败，冰冻，虫蛀，染毒；长期饲喂单调、缺乏纤维素的饲料。此外，瘤胃臌气、瘤胃积食、肠炎以及其他内、外、产科疾病等，亦可继发此病。

（二）诊断要点

该病常见有急性和慢性两种。

（1）急性　病羊食欲废绝，反刍停止，瘤胃蠕动力量减弱或停止；瘤胃内容物腐败发酵，产生多量气体，左腹增大，触诊不坚实。

（2）慢性　病羊精神沉郁、倦怠无力，喜欢卧地，被毛粗乱，体温、呼吸、脉搏无变化，食欲减退，反刍缓慢，瘤胃蠕动力量减弱，次数减少。若因采食有毒植物或刺激性饲料而引起发病的，则瘤胃和皱胃敏感性增高，触诊有疼痛反应，有的羊体温升高。如伴有胃肠炎时，肠蠕动显著增加，下痢，或便秘与下痢交替发生。

若为继发性前胃弛缓，常伴有原发性疾病的特征症状。因此，诊疗中要加以鉴别。

（三）防治措施

首先应消除病因，加强饲养管理，因过食引起者，可采用饥饿疗法，禁食2~3次，然后供给易消化的饲料，使之恢复正常。

药物疗法，应先投给泻剂，清理胃肠，再投给兴奋瘤胃蠕动和防腐止酵剂。成年羊可用硫酸镁或人工盐20~30克、石蜡油100~200毫升、番木鳖町2毫升、大黄町10毫升，加水500毫升，1次内服。10%氯化钠20毫升、10%氯化钙10毫升、10%安纳咖2毫升，混合后，1次静脉注射。

也可用酵母粉10克、红糖10克、酒精10毫升、陈皮酊5毫升，混合加水适量，1次内服。瘤胃兴奋剂可用2%毛果芸香碱1毫升，皮下注射。防止酸中毒，可内服碳酸氢钠10~15克。另外可用大蒜酊20毫升、龙胆末10克，加水适量，1次内服。

五、瘤胃积食

瘤胃积食是瘤胃充满多量食物，使正常胃的容积增大，胃壁急性扩张，食糜滞留在瘤胃引起严重消化不良的疾病。

（一）病因

该病主要是吃了过多的喜爱采食的饲料，如苜蓿、青饲、豆科牧草；或养分不足的粗饲料，如干玉米秸秆等；采食干料，饮水不足，也可引起该病的发生。

该病还可继发于前胃弛缓、瓣胃阻塞、创伤性网胃炎、腹膜炎、皱胃炎及皱胃阻塞等疾病过程。

（二）诊断要点

发病较快，采食、反刍停止，病初不断嗳气，随后嗳气停止，腹痛摇尾，或后蹄踏地，拱背，哞叫。后期病羊精神萎靡。左侧腹部轻度膨大，腰窝略平或稍凸出，触诊硬实。瘤胃蠕动初期增强，以后减弱或停止，呼吸急促，脉搏增速，黏膜发绀。严重者可见脱水，发生自体酸中毒和胃肠炎。

（三）防治措施

严格饲养管理制度，加强对羊群检查，建立合理的饲喂和放牧操作程序。治疗应遵循消导下泻，止酵防腐，纠正酸中毒，健胃，补充液体的治疗原则。

消导下泻，可用石蜡油 100 毫升、人工盐或硫酸镁 50 克，芳香氨酯 10 毫升，加水 500 毫升，1 次内服。

止酵防腐，可用鱼石脂 1~3 克、陈皮酊 20 毫升，加水 250 毫升，1 次内服。亦可用煤油 3 毫升，加温水 250 毫升，摇匀呈油悬浮液，1 次内服。

纠正酸中毒，可用 5% 碳酸氢纳 100 毫升，5% 葡萄糖溶液 200 毫升，1 次静脉注射。

心脏衰弱时，可用 10% 安钠咖注射液 5 毫升，或用 10% 樟脑磺酸钠注射液 4 毫升，肌内注射。呼吸系统和血液循环系统衰竭时，可用尼可刹米注射液 2 毫升，肌内注射。

种羊发生急性瘤胃积食，若应用药物治疗不能达到目的时，宜迅速进行瘤胃切开手术，进行急救。

六、瓣胃阻塞

瓣胃阻塞是由于羊瓣胃的收缩力量减弱，食物排出作用不充分，通过瓣胃的食糜积聚，不能后移，充满瓣叶之间，水分被吸收，内容物变干而致病。

（一）病因

该病主要由于饮水不足和饲喂秕糠、粗纤维饲料而引起；或饲料和饮水中混有过多的泥沙，使泥沙混入食糜，沉积于瓣胃瓣叶之间而发病。

本病可继发于前胃弛缓、瘤胃积食、皱胃阻塞、瓣胃和皱胃与腹膜粘连等疾病。

（二）诊断要点

病羊初期症状与前胃弛缓相似，瘤胃蠕动力量减弱，瓣胃蠕动消失，并可继发瘤胃臌气和瘤胃积食。触压病羊右侧第 7 至第 9 肋间，肩胛关节水平线上下时，羊表现疼痛不安。粪便干少，色泽暗黑，后期停止排粪。随着病程延长，瓣胃小叶发炎或坏死，常可继发败血症，此时可见体温升高、呼吸和脉搏加快，全身表现衰弱，病羊卧地不能站立，最后死亡。

（三）防治措施

应以软化瓣胃内容物为主，辅以兴奋前胃运动机能，促进胃肠内容物排出。

瓣胃注射疗法，对顽固性瓣胃阻塞疗效显著。具体方法是：准备 25% 硫酸镁溶液 30~40 毫升，石蜡油 100 毫升，在右侧第 9 肋间隙和肩胛关节线交界下方，选用 12 号 7 厘米长针头，向对侧肩关节方向刺入 4 厘米深，刺入后可先注入 20 毫升生理盐水，试其有较大压力时，表明针已刺入瓣胃，再将上述准备好的药液用注射器交替注入瓣胃，于第 2 天再重复注射 1 次。

瓣胃注射后，可用 10% 氯化钙 10 毫升、10% 氯化钠 50~100 毫升、5% 葡萄糖生理盐水 150~300 毫升，混合 1 次静脉注射。待瓣胃松软后，皮下注射 0.1% 氨甲酰胆碱 0.2~0.3 毫升，兴奋胃肠运动机能，促进积聚物下排。

七、皱胃阻塞

皱胃阻塞是皱胃内积满过多的食糜，使胃壁扩张，体积增大，胃黏膜及胃壁发炎，食物不能排入肠道所致。

（一）病因

主要由于饲养管理、饲料改变不当所致，有时饲料中混入过多的羊毛等杂物，时间一长就会形成毛团，堵塞皱胃（图 5-1）；有的是由于消化机能和代谢机能紊乱，食糜积蓄过多（图 5-2），发生异嗜的结果；也见于迷走神经调节机能紊乱，继发前胃弛缓、皱胃炎、小肠秘结、创伤性网胃炎等疾病。

（二）诊断要点

该病发展较缓慢，初期似前胃弛缓症状，病羊食欲减退，排粪量少，以至停止排粪，粪便干燥，其上附有多量黏液或血丝。右腹皱胃区扩大，瘤胃充满液体，叩击皱胃区可感觉到坚硬的皱胃胃体。

图 5-1　堵塞皱胃的毛团

图 5-2　堵塞皱胃的食糜

（三）防治措施

（1）*治疗*　给病羊输液（见瓣胃阻塞治疗），可试用 25% 硫酸镁溶液 50 毫升、甘油 30 毫升、生理盐水 100 毫升，混合作皱胃注射。操作方法应按如下步骤进行：首先在右腹下肋骨弓处触摸皱胃胃体，在胃体突起的腹壁部局部剪毛，碘酊消毒，用 12 号针头刺入腹壁及皱胃胃壁，再用注射器吸取胃内容物，当见有胃内容物残渣时，可以将要注射的药液注入。待 10 小时后，再用胃肠通注射液 1 毫升（体格小的羊用 0.5 毫升），1 次皮下注射，每日两次。或用比赛可灵注射液 2 毫升，皮下注射，亦可重复使用。

对于发病的种羊，当药物治疗无效时，可考虑进行皱胃切开术，以排除阻塞物。

羔羊哺乳期，常因过食羊奶使凝乳块聚结，充盈皱胃腔内，或因毛球移至幽门部不能下行，形成阻塞物，继发皱胃阻塞。病羔临床表现食欲废绝，腹胀疼痛，口流清涎，眼结膜发绀，严重脱水，腹泻，触诊瘤胃、皱胃松软。治疗可用石蜡油 20 毫升、水合氯酸 1 克、复方陈皮酊 3 毫升、三酶合剂（胖得生）5 克，加温水 20 毫升，1 次内服。此外，病羔可诱发胃肠炎和机体抵抗力降低，应进行全身保护性治疗。

（2）预防　加强饲养管理，除去致病因素，尤其对饲料的品质、加工调配等要特别注意。做到定时定量喂料，供给足量的清洁饮水。冬季注意圈舍保暖和环境卫生。

八、急性瘤胃臌气

急性瘤胃臌气，是羊采食了大量易发酵的饲料，迅速产生大量气体而引起的前胃疾病。

（一）病因

由于羊吃了大量易于发酵的饲料，此外，秋季放牧羊群在草场采食了多量的豆科牧草亦易发病。冬春两季给怀孕母羊补饲精料，群羊抢食，其中抢食过量的羊易发病，并可继发瘤胃积食。

（二）诊断要点

初期病羊表现不安，回顾腹部，拱背伸腰，腰窝突起，有时左旁腰

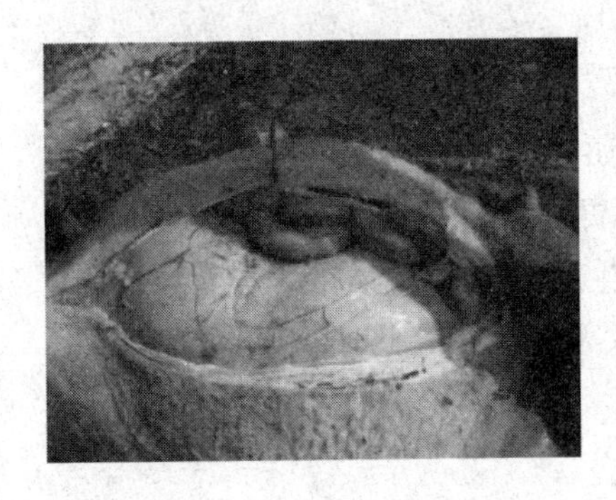

图 5-3　臌气的瘤胃

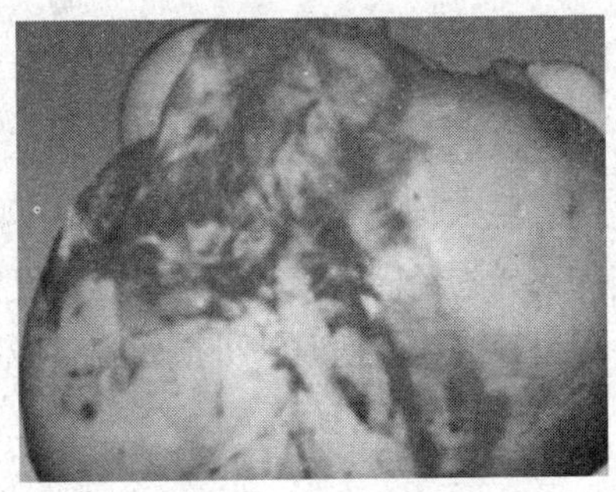

图 5-4　羊瘤胃臌气

向外突出，高于髋节或脊背水平线；反刍和嗳气停止，触诊腹部紧张性增加，叩诊是鼓音，听诊瘤胃蠕动力量减弱，次数减少，死后剖解可见瘤胃臌胀（图 5-3、图 5-4）。

（三）防治措施

加强饲养管理，严禁在苜蓿地放牧；注意饲草饲料的贮藏，防止霉败变质。

治疗原则是胃管放气，防腐止酵，清理胃肠。可插入胃导管放气，缓解腹部压力。或用 5% 的碳酸氢钠溶液 1 500 毫升洗胃，以排出气体及中和酸液胃内容物，必要时可进行瘤胃穿刺放气。具体操作如下：先在左腹部剪毛、消毒，然后以术者的拇指压迫左腹部的中心点，使腹壁紧贴瘤胃壁，用兽用套管针或 16 号针头垂直刺入腹壁并穿透瘤胃胃壁放气，在放气中紧紧按压住腹壁，勿使腹壁与瘤胃胃壁脱离，边放气边下压，防止胃液漏入腹腔，引起腹膜炎。

也可用石蜡油 100 毫升、鱼石脂 2 克、酒精 10~15 毫升，加水适量，1 次内服。或用氧化镁 30 克，加水 300 毫升，或用 8% 氢氧化镁混悬液 100 毫升，1 次内服。

九、创伤性网胃腹膜炎及心包炎

创伤性网胃腹膜炎及心包炎是由于异物刺伤网胃壁而发生的一种疾病。

（一）病因

该病主要由于尖锐金属异物（如钢丝、铁丝、缝针、发卡、锐铁片等）混入饲料被羊吃进网胃，因网胃收缩，异物刺破或损伤胃壁所致。如果异物经横膈膜刺入心包，则发生创伤性网胃心包炎。异物穿透网胃胃壁或瘤胃胃壁时，可损伤脾、肝、肺等脏器，此时可引起腹膜炎及各部位的化脓性炎症。

（二）诊断要点

（1）创伤性网胃腹膜炎症状 病羊精神沉郁，食欲减少，反刍缓慢或停止，行动谨慎，表现疼痛，拱背，不愿急转弯或走下坡路。触诊用手叩击网胃区及心区，或用拳头顶压剑突软骨区时，病畜表现疼痛、呻吟、躲闪。肘头外展，肘肌颤动。前胃弛缓，慢性瘤胃臌气。血液检查，白细胞总数每立方毫米高达14 000~20 000个，白细胞分类初期核左移。嗜中性白细胞高达70%，淋巴细胞则降至30%左右。

（2）创伤性网胃心包炎症状 心动过速，每分钟80~120次，颈静脉怒张，粗如手指。颌下及胸前水肿。听诊心音区扩大，出现心包摩擦音及拍水音。病的后期，常发生腹膜粘连、心包积脓和脓毒败血症。

根据临床症状和病史，结合进行金属探测仪及X光透视拍片检查，即可确诊。

（三）防治措施

（1）治疗 可行瘤胃切开术，清理排除异物。如病程发展到心包积脓阶段，病羊应予淘汰。

对症治疗，消除炎症，可用青霉素40万~80万单位、链霉素50万单位，1次肌内注射。亦可用磺胺嘧啶钠5~8克、碳酸氢钠5克，加水内服，每日1次，连用1周以上。亦可用健胃剂、镇痛剂。

（2）预防 饲料中异物，在饲料加工设备中安装磁铁，以排除铁器，并严禁在牧场或羊舍内堆放铁器。饲喂人员勿带尖细的铁器用具进入羊舍，以防止混落在饲料中，被羊食入。

十、胃肠炎

胃肠炎是胃肠黏膜及其深层组织的出血性或坏死性炎症。

（一）病因

该病多因前胃疾病引起。饲养管理上的不当占重要地位。

（二）诊断要点

初期病羊多呈现急性消化不良的症状，其后逐渐或迅速转为胃肠炎。病羊表现食欲减少或废绝，口腔干燥发臭，舌有黄厚苔或薄白苔，伴有腹痛。肠音初期增强，其后减弱或消失，排稀粪或水样便，排泄物腥臭或恶臭，粪中混有血液、黏脓、坏死脱落的组织片。脱水严重，少尿，眼球下陷，皮肤弹性降低，消瘦，腹围紧缩。当虚脱时，病羊卧地，脉搏微细，心力衰竭。体温在整个病程中升高。病至后期，因循环和微循环障碍，病羊四肢冷凉，昏睡，抽搐而死。

慢性胃肠炎病程较长，病势缓慢，主要症状同于急性胃肠炎，也可引起恶病质。

（三）防治措施

消炎可用磺胺脒 4~8 克、小苏打 3~5 克，加水适量，1 次内服。亦可用药用炭 7 克、萨罗尔 2~4 克、碳酸氢钠 3 克，加水适量，1 次内服；或用黄连素片 15 片、红根草粉 15 克，加水适量，1 次内服；或用泻速宁 2 号 30 克，加水内服；或用青霉素 40 万 ~80 万单位，链霉素 50 万 ~100 万单位，蒸馏水 10 毫升溶解，1 次肌内注射，连用 5 日；或用土霉素或四环素 0.5 克，溶解于生理盐水 100 毫升中，1 次静脉注射。

脱水严重的宜补液，可用 5% 葡萄糖溶液 300 毫升、生理盐水 200 毫升、5% 碳酸氢钠溶液 100 毫升，混合后 1 次静脉注射，必要时可以重复应用。下泻严重者可用 1% 硫酸阿托品注射液 2 毫升，皮下注射。

心力衰竭时，可用 10% 樟脑磺酸钠 3 毫升，1 次肌内注射；或用尼可刹米注射液 2 毫升，皮下注射。

十一、小叶性肺炎及化脓性肺炎

小叶性肺炎是支气管与肺小叶或肺小叶群同时发生炎症。

（一）病因

小叶性肺炎多因羊受寒感冒，物理化学因素的刺激，条件性病原菌的侵害，如巴氏杆菌、链球菌、化脓放线菌、坏死杆菌、绿脓杆菌、葡萄球菌等的感染；羊肺线虫也可引起发病。此外，本病可继发于口蹄疫、放线菌病、子宫炎、乳房炎。还可见于羊耳蜗、外伤所致的肋骨骨折、创伤性心包炎、胸膜炎的病理过程中。

（二）诊断要点

小叶性肺炎初期呈急性支气管炎的症状，即咳嗽，体温升高，呈弛张热型，高达40℃以上；呼吸浅表、增数，呈混合性呼吸困难。呼吸困难的程度，随肺脏发炎的面积大小而不同，发炎面积越大，呼吸越困难，呈现低弱的痛咳。胸部叩诊，出现不规则的半浊音区。浊音则多见于肺下区的边缘，其周围健康部的肺脏，叩诊音高朗。听诊肺区肺泡音减弱或消失，初期出现干啰音，中期出现湿啰音、捻发音。

化脓性肺炎病灶常呈现散在性的特点，是小叶性肺炎没有治愈、化脓菌感染的结果。病羊呈现间歇热，体温升高至41.5℃；咳嗽，呼吸困难。肺区叩诊，常出现固定的似局灶性浊音区，病区呼吸音消失。其他基本同小叶性肺炎。血液检查白细胞总数增加，达每立方毫米15万；白细胞分类嗜中性白细胞占70%，核分叶增多。

根据病羊的临床表现即可确诊。但应注意与大叶性肺炎、咽炎、副鼻窦疾病加以区别。

（三）防治措施

（1）治疗

① 消炎止咳。可应用10%磺胺嘧啶钠20毫升，或用抗生素（青霉素、链霉素）肌内注射；氧化铵1~5克、酒石酸锑钾0.4克、杏仁水2毫升，加水混合灌服。亦可应用青霉素40万~80万单位、0.5%普鲁卡因2~3毫升，气管注入。或用卡那霉素0.5克，肌内注射，每日两次，连用5天。

② 解热强心。可用10%樟脑水注射液4毫升或复方氨基比林10毫升，肌内注射。

（2）预防　加强饲养管理，保持圈舍卫生，防止吸入灰尘。勿使羊受寒感冒，杜绝传染病感染。在插胃管时，防止误插入气管中。

第二节　羊营养代谢及中毒病的防治

一、羔羊白肌病

羔羊白肌病亦称肌营养不良症，是伴有骨骼肌和心肌变性，并发生运动障碍和急性心肌坏死的一种微量元素缺乏症。

（一）病因

有的研究资料表明，该病是由于缺硒所致。随着生命科学及食物链研究的深化，多数学者认为与母乳中缺乏维生素E，或缺硒、钴、铜和锰等微量元素有关。

（二）诊断要点

病羔精神不振，运动无力，站立困难，卧地不愿起立；有时呈现强直性痉挛状态，随即出现麻痹、血尿；死亡前昏迷，呼吸困难。

有的羔羊病初不见异常，往往于放牧时由于受到惊动后剧烈运动或过度兴奋而突然死亡。该病常呈地方性同群发病，应用其他药物治疗不能控制病情。

（三）防治措施

应用硒制剂，如0.2%亚硒酸钠溶液2毫升，每月肌内注射1次，连用2次。与此同时，应用氯化钴3毫克、硫酸铜8毫克、氯化锰4毫克、碘盐3克，加水适量内服。如辅以维生素E注射液300毫克肌内注射，则效果更佳。

加强母畜饲养管理，供给豆科牧草，母羊产羔前补硒，可收到良好效果。

二、绵羊酮尿病

绵羊酮尿病常发生在绵羊和山羊妊娠后期，以酮尿为主要症状。绵羊多发生于冬末春初；山羊发病没有严格的季节性。

（一）病因

该病发生的主要原因是营养不足，怀孕后期胎儿相对发育较快，母体代谢丧失平衡，引起脂肪代谢障碍，脂肪代谢氧化不完全，形成中间产物。内蒙古鄂尔多斯市发病率较高，占绵羊、山羊的32%以上。从自然分布分析，多见于缺乏豆科牧草的荒漠和半荒漠地带，尤其是前一年干旱，第二年更易发病。此外，亦见于种羊精料饲喂供给量较大时。

（二）诊断要点

初期，病羊掉群，不能跟群放牧，视力减退，呆立不动，驱赶强迫运动时，步态摇晃。后期，意识紊乱，不听主人呼唤，视力消失。神经症状常表现为头部肌肉痉挛，并可出现耳、唇震颤，空嚼，口流泡沫状唾液。由于颈部肌肉痉挛，抬头后仰，或偏向一侧，亦可见到转圈运动。若全身痉挛，可突然倒地死亡。在发病过程中病羊食欲减退，前胃蠕动减弱，黏膜苍白或黄疸；体温正常或略低；呼出气及尿中有丙酮气味。采用亚硝基铁氰化钠法检验酮尿液，呈阳性反应。

（三）防治措施

加强饲养管理，冬季设置防寒棚舍，春季补饲干草，适当补饲精料（豆类）、骨粉、食盐等；冬季补饲甜菜根、胡萝卜。

药物治疗，可用25%葡萄糖注射液50~100毫升，静脉注射，以防肝脂肪变性。调理体内氧化还原过程，可每日饲喂醋酸钠15克，连用5日。

三、绵羊脱毛症

绵羊脱毛症系指在非寄生虫性、皮肤无病变的情况下，被毛发生脱落，或是被毛发育不全的总称。

（一）病因

多数学者认为，该病与缺乏锌和铜元素有关。长期饲喂块根类饲料的羊群也见有发病者。

（二）诊断要点

成年羊被毛无光泽，色灰暗，营养不良，不同程度的贫血。有异嗜癖，表现为相互啃食被毛，喜吃塑料袋、地膜等异物。病羊被毛脱落，严重时腹泻，偶见视力模糊。体温、脉搏正常。有时整片脱毛，以背、项、胸、臀部最易发生（图 5–5）。

图 5–5　背部明显脱毛

羔羊病初啃食母羊被毛，有异嗜癖，喜食污粪或舔土。以后食入的被毛在胃内形成毛球，当毛球横径大于幽门或嵌入肠道使皱胃和肠道阻塞时，羔羊呈现消化不良、便秘、腹痛及胃肠臌气，严重者表现消瘦、贫血。

（三）防治措施

增加维生素和微量元素；加强饲养管理，改换放牧地；饲料中补加 0.02% 碳酸锌，每周绵羊口服硫酸铜 1.5 克；补饲家畜生长素，增喂精料。

在病程中，应注意清理胃肠，维持心脏机能，防止病情恶化。

四、尿结石

尿结石（石淋）是在肾盂、输尿管、膀胱、尿道内生成或存留以碳酸钙、磷酸盐为主的盐类结晶，使羊排尿困难，并由结石引起泌尿器官发生炎症的疾病。该病以尿道结石多见，而肾盂结石、膀胱结石较少见。其临床特征为，排尿障碍，肾区疼痛。

（一）病因

根据临床见到的病例分析，该病常与以下因素有关：一是溶解于尿液中的草酸盐、碳酸盐、尿酸盐、磷酸盐等，在凝结物周围沉积形成大小不等的结石。结石的核心可能发现上皮细胞、尿圆柱、凝血块、脓汁等有机物。二是由尿路炎症引起尿潴留或尿闭，可促进结石形成。三是饲料和饮水中含钙、锌盐类较多，饲喂大量的甜菜块根及精料，饲料中麸皮比例较高等，常可促使该病的发生。四是肾炎、膀胱炎、尿道炎在引起该病的发生上不可忽视。

（二）诊断要点

尿结石常因发生的部位不同而症状也有差异。尿道结石，常因结石完全或不完全阻塞尿道，引起尿闭、尿痛、尿频时，才为人们发现。病羊排尿努责，痛苦咩叫，尿中混有血液。尿道结石可致膀胱破裂。膀胱结石在不影响排尿时，不显临床症状，常在死后才被发现。肾盂结石有的生前不显临床症状，而在死后剖检时，才被发现有大量的结石。肾盂内多量较小的结石进入输尿管，使之扩张，可使羊发生可见病症状。尿液显微镜检查，可见有脓细胞、肾盂上皮、沙粒或血液。当尿闭时，常

可发生尿毒症。

该病可借助尿液镜检加以确诊。对尿液减少或尿闭，或有肾炎、膀胱炎、尿道炎病史的羊，不应忽视可能发生尿结石。

（三）防治措施

注意对病羊尿道、膀胱、肾脏炎症的治疗。控制谷物、次数、甜菜块根的饲喂量。饮水要清洁。

药物治疗，一般无效果。种羊患尿道结石时可施行尿道切开术，摘出结石。由于肾盂和膀胱结石可因小块结石随尿液落入尿道而形成尿道阻塞，因此，在施行肾盂及膀胱结石摘出术时，对预后要慎重。

五、氢氰酸中毒

氢氰酸中毒是羊吃了富有氰苷的青饲料，在胃内由于酶的水解和胃液中盐酸的作用，产生游离的氢氰酸而致病。其临床特征为，发病急促，呼吸困难，伴有肌肉震颤等综合征的组织中毒性缺氧症。

（一）病因

该病常因羊采食过量的胡麻苗、高粱苗、玉米苗等而突然发作。饲喂机榨胡麻饼，因含氰苷量多，也易发生中毒。当用于治疗的中药中杏仁、桃仁用量过大时，亦可致病。

（二）诊断要点

该病发病迅速，多于采食含有氰苷的饲料后 15~20 分钟出现症状。首先表现腹痛不安，瘤胃臌气，呼吸加快，可视黏膜鲜红，口流白色泡沫状唾液；先呈现兴奋状态，很快转入沉郁状态，随之出现极度衰弱，行步不稳或倒地；严重者体温下降，后肢麻痹，肌肉痉挛，瞳孔散大；全身反射减少乃至消失，心搏动徐缓，脉细弱，呼吸浅微，直至昏迷而死亡。

（三）防治措施

禁止在含有氰苷作物的地方放牧。应用含有氰苷的饲料喂羊时，宜先加工调制。发病后速用亚硝酸钠 0.2 克，配成 5% 溶液，静脉注射，然后再用 10% 硫代硫酸钠溶液 10~20 毫升，静脉注射。

六、有机磷中毒

有机磷中毒是由于接触、吸入或采食某种有机磷制剂所致。本病以神经过度兴奋为其特征。

（一）病因

引起中毒事故多见于对农药保管和使用违反操作规程，使羊直接接触或误食农药而发病；或间接食入农药污染的牧草、饮水而致病。亦见于驱除外寄生虫时，应用有机磷过量而发生中毒。

（二）诊断要点

常规毒蕈碱中毒样症状，如食欲不振，流涎呕吐，疝痛腹泻，多汗，尿失禁，瞳孔缩小，黏膜苍白，呼吸困难，肺水肿等；有的表现为烟碱中毒样症状，如肌纤维性震颤、麻痹，血压上升，脉频微，致使中枢神经系统机能紊乱，表现兴奋不安，全身抽搐，以至昏睡等。除上述症状外，还可有体温升高，水样下泻，便血也较多见。在发生呼吸困难的同时，病羊表现痛苦，眼球震颤，四肢厥冷，出汗。当呼吸肌麻痹时，导致窒息而死亡。实验室检查，胆碱酯酶活性降低。

依据症状、毒物接触史和毒物分析，并测定胆碱酯酶活性，可以确诊。

（三）防治措施

严格农药管理制度，勿在喷洒有机磷农药的地点放牧，拌过有机磷农药的种子不得再喂羊。治疗可用解磷定，剂量按每千克体重 15~30 毫克，溶于 5% 葡萄糖溶液 100 毫升中，静脉注射；或用硫酸阿托品

10~30毫克，肌内注射。症状未见减轻时，仍可重复应用解磷定和硫酸阿托品。

第三节 羊产科病的防治

一、流产

流产是指母畜妊娠中断，或胎儿不足月就排出子宫而死亡。

（一）病因

流产的原因极为复杂。传染性流产者，多见于布氏杆菌病、弯杆菌病、毛滴虫病。非传染性者，可见于子宫畸形、胎盘坏死、胎膜炎和羊水增多症等；内科病，如肺炎、肾炎、有毒植物中毒、食盐中毒等；外科病，如外伤、蜂窝组织炎、败血症等。长途运输过于拥挤，水草供应不均，饲喂冰凉和发霉饲料，也可导致流产。

（二）诊断要点

突然发生流产者，产前一般无特征表现。发病缓慢者，表现精神不佳，食欲停止，腹痛起卧，努责咩叫，阴户流出羊水，待胎儿排出后稍为安静。若在同一群中病因相同，则陆续出现流产，直至受害母羊流产完毕，方能稳定下来。外伤性致病，可使羊发生隐性流产，即胎儿不排出体外，溶解物排出子宫外，或形成股骨在子宫内残留，由于受外伤程度的不同，受伤的胎儿常因胎膜出血、剥离，于数小时或数天排出。

（三）防治措施

以加强饲养管理为主，重视传染病的防治，根据流产发生的原因，采取有效的防治保健措施。对于已排出了不足月胎儿或死亡胎儿的母羊，一般不需要进行特殊处理，但需加强饲养。

对有流产先兆的母羊，可用黄体酮注射液2支（每支含15毫克）。

1 次肌内注射。

死胎滞留时，应采用引产或助产措施。胎儿死亡，子宫颈未开时，应先肌内注射雌激素（如己烯雌酚或苯甲酸雌二醇）2~3 毫克，使子宫颈开张，然后从产道拉出胎儿。母羊出现全身症状时，应对症治疗。

二、难产

难产是指分娩过程中胎儿排出困难，不能将胎儿顺利地送出产道。其病从临床检查结果分析，难产的原因常见于阵缩无力、胎位不正、子宫颈狭窄及骨盆腔狭窄等。

（一）救治

1. 人工助产

助产的时机当母羊开始阵缩超过 4~5 小时以上，而未见羊膜绒毛膜在阴门外或在阴门内破裂（绵羊需 15 分钟至 2.5 小时，双胎间隔 15 分钟；山羊需 0.5~4.0 小时，双胎间隔 0.5~10 小时），母羊停止阵缩或阵缩无力时，须迅速进行人工助产，不可拖延时间，以防羔羊死亡。

如果胎儿过大或母畜阵缩和努责微弱时，而且胎儿姿势正常，必须进行强行拉出。

2. 胎位矫正

① 胎头侧转、后仰、下弯及头颈扭转时的矫正和拉出方法。

② 胎儿前肢不正的矫正和拉出方法，如腕关节屈曲、肩关节屈曲和肘关节屈曲或两前肢置于头上等。

③ 胎儿后肢不正的矫正和拉出方法，如跗关节、髋关节屈曲的矫正。

④ 主要常见的截胎术，如不正头颈的截断术，正常前肢截断术，屈曲前肢截断术等。

阵缩及努责微弱的，可皮下注射垂体后叶素、麦角碱注射液 1~2 毫升。必须注意，麦角制剂只限于子宫完全开张，胎势、胎位及胎向正常时方可使用，否则易引起子宫破裂。

当羊怀双羔时，可遇到双羔同时各将一肢伸出产道，形成交叉的情况。由此形成的难产，应分清情况，辨明关系，可触摸腕关节确定前肢，触摸跗关节确定后肢。若遇交叉，可将另一羔的肢体推回腹腔，先整顺一只羔羊的肢体，将其拉出产道，再将另一只羔羊的肢体整顺拉出。切忌将两只羔羊的不同肢体误认为同只羔羊的肢体。

3. 剖腹产

子宫颈扩张不全或子宫颈闭锁，胎儿不能产出，或骨骼变形，致使骨盆腔狭窄，胎儿不能正常通过产道，在此情况下，可进行剖腹产急救胎儿，保护母羊安全。

母羊用二甲苯胺噻唑肌内注射进行麻醉，每千克体重 0.2~0.6 毫克或腰旁麻醉。

（1）剖腹产的步骤　手术部位在乳静脉右外侧 2~3 厘米，距乳房 2 厘米腹下切口，长度可以取出胎儿为宜。具体步骤如下。

① 切开腹壁。同开腹术，羊切开 15~20 厘米的切口，开腹后如腹压较高，助手可用大块纱布或手，覆盖压迫切口两侧，防止网膜及肠管脱出。

② 拉出子宫。双手伸入腹腔，拔开网膜与肠管，摸到孕角，再将手伸入子宫下，隔着子宫壁握住胎儿弯曲的两前肢腕部，缓慢地将子宫角大弯的一部分及胎儿拉至切口外 5~6 厘米，然后在子宫和切口之间塞上大块生理盐水纱布，或在一块薄塑料布上，中央作一切口，套在拉出的子宫角上，而后将切口边缘缝在子宫切线的周围，以防肠管脱出和胎水流入腹腔。

③ 切开子宫。沿子宫角大弯避开母体子叶切开 10~15 厘米，一般活胎儿切口出血较多，要边切边止血，防止失血过多。

④ 取出胎儿。切开子宫后，助手固定子宫切口两侧，术者撕破胎膜，排出胎水，严防流入腹腔，然后用手握头及前肢慢慢拉出胎儿，扯断脐带，交助手处理。

⑤ 剥离胎衣。羊的胎儿胎盘和母体粘连紧密，剥离时要慢慢进行，防止强行拉扯，必要时可注射脑垂体后叶素。

⑥ 缝合子宫。先把子宫内胎水洗净，再用青霉素生理盐水洗净切口，防止强行拉扯，速用螺旋形缝合法缝合子宫切口全层，缝到最后

1~2 针时，要向子宫内撒四环素粉 2 克或金霉素胶囊 2~3 个。最后用伦贝特氏或库兴氏缝合法，缝合子宫浆膜及肌层，用温生理盐水充分洗净子宫壁，再于切口上涂油剂青霉素，将子宫送回腹腔复位。

⑦ 缝合腹壁。同开腹术。

（2）剖腹产的注意事项

① 由于本手术所用器械数量较多，故在术前术后都必须清点器械数目，以免术后遗留于腹腔或子宫内，造成不良后果。

② 操作时，要胆大心细，彻底止血，迅速准确，严密消毒，同时注意观察病畜变化，必要时可进行强行输液。

③ 术后指定专人负责检查病畜全身情况，必要时给以静脉注射 5% 葡萄糖氯化钠液或抗生素等疗法，同时注意术部的清洁，防止感染，争取术后第一期愈合。

（二）注意事项

① 在助产前，要先进行母畜和胎儿的仔细检查，确定难产的原因及发生的部位，再着手进行异常姿势的矫正，待完全符合顺产的姿势时，再进行拉出。

② 在进行产道检查和矫正异常胎势之前，必须向产道内灌注润滑油剂，以润滑产道。

③ 使用产科器械，特别是尖锐器械（如刀、钩、剪等）时，必须注意不要损伤产道，以免引起感染。

④ 在强行拉出胎儿时，必须在母畜努责时随努责牵拉，切忌粗暴，以免损伤母子，或将子宫一起拉出而造成不良后果。

⑤ 在矫正时，必须使母畜处于前低后高的姿势，并将胎儿推回子宫内，腾出较大的空间，以利矫正的操作。

⑥ 在检查和矫正过程中，操作应尽量做到迅速准确，否则操作时间过久，手臂在产道内出入次数太多，常造成产道水肿或损伤，妨碍矫正工作的顺利进行。

三、阴道脱

阴道脱是阴道部分或全部外翻脱出于阴户之外，阴道黏膜暴露在外面，引起阴道黏膜充血、发炎，甚至形成溃疡或坏死的疾病。

（一）病因

饲养管理不佳、羊体弱年老，致使阴道周围的组织和韧带弛缓；怀孕羊到后期腹压增大；分娩或胎衣不下而努责过强。助产时强行拉出胎儿，常常是发生阴道脱的直接原因。

（二）诊断要点

阴道脱有完全脱出和部分脱出两种情况。当完全脱出时，脱出的阴道如拳头大，子宫颈仍闭锁；部分脱出时，仅见阴道入口部脱出，大小如桃。外翻的阴道黏膜发红，甚至青紫，局部水肿。因摩擦可损伤黏膜，形成溃疡，局部出血或结痂。

阴道脱病羊常在卧地后，被地面的污物、垫草、粪便黏附于脱出的阴道局部（图 5–6），导致细菌感染而化脓或坏死。严重者，全身症状明显，体温可高达 40℃以上。

图 5–6　阴道脱出

（三）防治措施

体温升高者，用磺胺双甲基嘧啶 5~8 克，每日 1 次内服，连用 3 日；或用青霉素和链霉素肌内注射。用 0.1% 高锰酸钾溶液或新洁尔灭溶液清洗局部，涂擦金霉素软膏或碘甘油溶液。整复脱出的阴道，用消毒纱布捧住脱出的阴道，由脱出基部向骨盆腔内缓慢地推入，至快送完时，用拳头顶进阴道；然后用阴门固定器压迫阴门，固定牢靠为止，对形成习惯性脱出者，可用粗线对阴门四周做减张缝合，待数日后，阴道脱症状减轻或不再脱出时，拆除缝线。

四、胎衣不下

胎衣不下是指孕羊产后 4~6 小时，胎衣仍排不下来的疾病。

（一）病因

该病多因孕羊缺乏运动，饲料中缺乏钙盐、维生素，饮饲失调，体质虚弱。此外，子宫炎、布氏杆菌等也可致病。有报道，羊缺硒也可致胎衣不下。

（二）诊断要点

病羊常表现拱腰努责，食欲减少或废绝，精神较差，喜卧地，体温升高，呼吸脉搏增快。胎衣久久滞留不下，可发生腐败，从阴户中流出污红色腐败恶臭的恶露，其中带有灰白色未腐败的胎衣碎片或脉管。当全部胎衣不下时，部分胎衣从阴户垂露于后肢附关节部。

（三）防治措施

（1）*药物疗法*　病羊分娩后不超过 24 小时的，可应用马来酸麦角新碱 0.5 毫克，1 次肌内注射；垂体后叶素注射液或催产素注射液 0.8~1.0 毫升，1 次肌内注射。

（2）*手术剥离法*　应用药物方法已达 48~72 小时而不奏效者，应立即采用此法。宜先保定好病羊，按常规准备及消毒后，进行手术。术者一手握住阴门外的胎衣，稍向外牵拉；另一手沿胎衣表面伸入子宫，可用食指和中指夹住胎盘周围绒毛成一束，以拇指剥离开母子胎盘相互结合的周边，剥离半周后，手向手背侧翻转以扭转绒毛膜，使其从小窦中拔出，与母体胎盘分离。子宫角尖端难以剥离，常借子宫角的反射收缩而上升，再行剥离。最后用抗生素或防腐消毒药，如土霉素 2 克，溶于 100 毫升生理盐水中，注入子宫腔内；或注入 0.2% 普鲁卡因溶液 30~50 毫升。

（3）自然剥离法　不借助手术剥离，而辅以防腐消毒药或抗生素，让胎膜自行排出，达到自行剥离的目的。可于子宫内投放土霉素（0.5 克）胶囊，效果较好。

为了预防本病，可用亚硒酸钠维生素 E 注射液，在妊娠期肌内注射 3 次，每次 0.5 毫升。

五、子宫炎

（一）病因

子宫炎是由于分娩、助产、子宫脱、阴道脱、胎衣不下、腹膜炎、胎儿死于腹中等导致细菌感染而引起的子宫黏膜炎症。

（二）诊断要点

该病临床可见急性和慢性两种，按其病程中发炎的性质可分为卡他性、出血性和化脓性子宫炎。

（1）急性　初期病羊食欲减少，精神欠佳，体温升高。因有疼痛反应而磨牙、呻吟。前胃弛缓，拱背、努责。时时作排尿姿势，阴户内流出污红色内容物。

（2）慢性　病情较急性轻微，病程长，子宫分泌物量少。如不及时治疗可发展为子宫坏死，继而全身状况恶化，发生败血症或脓毒败血症。有时可继发腹膜炎、肺炎、膀胱炎、乳房炎等。

（三）防治措施

净化清洗子宫，用 0.1% 高锰酸钾溶液或雷佛奴尔（含 2% 氧氟沙星）溶液 300 毫升，灌入子宫腔内，然后用虹吸法排出灌入子宫内的消毒溶液，每日 1 次，可连用 3~4 次。消炎，可在冲洗后给羊子宫内注入碘甘油 3 毫升，或投放土霉素（0.5 克）胶囊；或用青霉素 80 万单位、链霉素 50 万单位，肌内注射，每日早晚各 1 次。治疗自体中毒，应用 10% 葡萄糖液 100 毫升、林格氏液 100 毫升、5% 碳酸氢钠溶液 30~50 毫升，1 次静脉注射；肌内注射维生素 C 200 毫克。

六、乳房炎

乳房炎是乳腺、乳池、乳头局部的炎症；多见于泌乳期的绵羊、山羊。

（一）病因

该病多因挤乳人员技术不熟练，损伤了乳头、乳腺体；或因挤乳人员手臂不卫生，使乳房受到细菌感染；或羔羊吮乳咬伤乳头。亦见于结核病、口蹄疫、子宫炎、羊痘、脓毒败血症等过程中。

（二）诊断要点

轻者不显临床症状，病羊全身无反应，仅乳汁有变化。一般多为急性乳房炎，乳房局部肿胀、硬结（图 5-7），乳量减少，乳汁变性，其中混有血液、脓汁等，乳汁有絮状物，褐色或淡红色。炎症延续，病羊体温升高，可达 41℃。挤乳或羔羊吃乳时，母羊抗拒、躲闪。若炎症

图 5-7　乳房肿胀

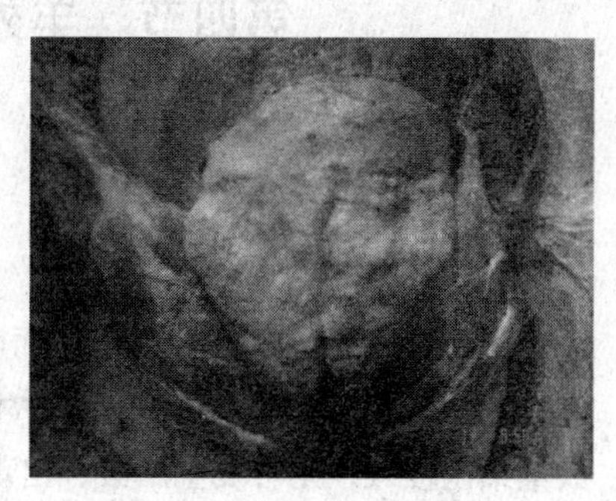

图 5-8　乳腺肿大，硬结

转为慢性，则病程延长。由于乳房硬结，常丧失泌乳机能。脓性乳房炎可形成脓腔，使脓体与乳腺相通，若穿透皮肤可形成瘘管。山羊可患坏疽性乳房炎，为地方流行性急性炎症，多发生于产羔后4~6周。剖检可见乳腺肿大，较硬（图5-8）。

（三）防治措施

① 注意挤乳卫生，扫除圈舍污物，在绵羊产羔季节应经常注意检查母羊乳房。为使乳房保持清洁，可用0.1%新洁尔灭溶液经常擦洗乳头及其周围。

② 病初可用青霉素40万单位、0.5%普鲁卡因5毫升，溶解后用乳房导管注入乳孔内，然后轻揉乳房腺体部，使药液分布于乳房腺中。也可应用青霉素、普鲁卡因溶液在乳房基部封闭，或应用磺胺类药物抗菌消炎。为了促进炎性渗出物吸收和消散，除在炎症初期冷敷外，2~3天后可施热敷，用10%硫酸镁水溶液1 000毫升，加热至45℃，每日外洗热敷1~2次，连用4次。

③ 对脓性乳房炎及开口于乳池深部的脓肿，直向乳房脓腔内注入0.02%呋喃西林溶液，或用0.1%~0.25%雷佛奴尔液，或用3%过氧化氢溶液，或用0.1%高锰酸钾溶液冲洗消毒脓腔，引流排脓。必要时应用四环素族药物静脉注射，以消炎和增强机体抗病能力。

第四节　羊外科病的防治

一、创伤

（一）病因

它是羊体局部受到外力作用而引起的软组织开放性损伤，如擦伤、刺伤、切伤、裂伤、咬伤以及因手术而造成的创伤等。创伤过程中如有大量细菌侵入，则可发生感染，出现化脓性炎症。

（二）创伤治疗

1. 新鲜创的治疗

（1）创伤止血 根据创伤发生部位、种类和出血情况，应按止血方法先进行止血。

（2）清洁创围 用灭菌纱布块放在创腔内，然后从创缘开始向外周剪毛 5~10 厘米，剪毛时防止被毛或泥土落入创内，剪毛后用肥皂水或 3% 煤酚皂溶液，洗净创围，注意勿使刷拭液流入创内，而后用酒精棉球彻底清拭创围皮肤，最后用 5% 碘酊消毒。

（3）清理创腔 先除去纱布块，用镊子除去可见的被毛、异物、凝血块及挫灭组织碎块。另外，根据创伤性质和损坏程度，在局部麻醉下，进行修整创缘，切除创缘挫灭的皮肤和皮下组织、扩大创口、消除创囊，除去深部挫灭组织等。最后选用生理盐水，0.1% 雷佛奴尔溶液、0.1% 高锰酸钾溶液、0.25% 盐酸普鲁卡因溶液加入青霉素每毫升含 500~1 000 单位，或用新洁尔灭（1∶2 000）或高渗硫酸镁（钠）溶液，反复冲洗，清除创内异物。最后用灭菌纱布轻轻吸干创内积液。

（4）创伤用药 清创以后，创面可撒布氨苯磺胺粉或青霉素粉或碘仿磺胺粉等。

（5）创面整理 有可能第一期愈合的，可进行缝合。对污染严重，创缘不清楚，而达不到第一期愈合时，除撒布上述粉剂外，也可撒布三合粉（高锰酸钾、氯化锌、卤碱粉等各粉），或用高锰酸钾粉研磨，也可撒布中药生肌散等，行开放疗法。

（6）包扎 应根据创伤的具体情况，合理应用绷带包扎。

2. 化脓创的治疗

（1）清洁创围 同新鲜创。

（2）冲洗创腔 用药液反复冲洗创腔，彻底洗去脓汁。当有尘土严重污染创伤时，以及有厌氧菌、绿脓杆菌、大肠杆菌感染可能时，宜选用酸性药物，如 0.1% ~0.2% 高锰酸钾溶液，2%~4% 硼酸溶液或 2% 乳酸溶液等。其次也要注意脓汁的色泽或涂片检查，决定细菌感染的种类，以便选择药物，控制细菌的发育繁殖。此外使用高渗硫酸镁（钠）、高渗盐水冲洗也可，并能加速创伤净化。

（3）防腐药物的使用　防腐剂的选用，要根据创伤炎性净化阶段、脓汁性质的不同，而选用药物。创伤酸性反应时，宜选用碱性药物，如生理盐水、高渗盐水、2%碳酸氢钠溶液、1∶（2 000~10 000）新洁尔灭溶及0.01%~0.02%呋喃西林溶液等，其次0.1%雷佛奴尔溶液也经常使用。

（4）处理创腔　冲洗排脓后，清除创内异物、坏死组织及创囊，为创内脓汁顺利地向外排出创造有利条件。如排脓不畅，可在低位作辅助切口排脓，最后再次用防腐剂冲洗创腔。

（5）引流　冲洗干净后，根据创腔情况，而用适合创腔大小的纱布浸透药液（如硫呋液、20%硫酸镁（钠）溶液、10%食盐水、硫甘碘合剂、0.1%雷佛奴尔溶液等），纱布一头用大镊子夹起，另一头用针将纱布条导入创腔内，使其平整全面地塞在创腔内，注意不要塞的过紧，一头留在创口下边。

（6）固定引流物　为防止引流物掉落，可用缝线将两侧创缘临时缝上1~2针，固定引流物。一般不包扎，行开放疗法。

3. 肉芽创的治疗

（1）清洁创围　同前。

（2）清洁创面　由于化脓性炎症逐渐停止，创内生长新鲜红色肉芽组织，因此清洁创面时要保护芽组织不受损伤。使用无刺激性的或弱防腐液浸湿棉球轻轻清拭，除去肉芽面上多量的脓性分泌物，不能粗暴冲洗。常用药物有：生理盐水、0.1%雷佛奴尔溶液，0.1%高锰酸钾溶液、0.01%~0.02%呋南西林溶液，硫甘碘合剂等。

（3）应用药物　应选择刺激性小，促进肉芽组织生长的药物调制成流膏、油性乳、乳剂或软膏使用。也可应用松碘油膏、磺胺鱼肝油、2%~3%鱼肝油红汞或甘油红汞、青霉素鱼肝油、5%~10%敌百虫软膏等涂布，以后可应用磺胺软膏、青霉素软膏、金霉素软膏等。

① 当肉芽组织充满腔内并接近创缘时，为了促进创缘上皮新生，可应用氧化锌水杨酸软膏、氢氟酸软膏、氧化锌软膏或自家血液灌注与血液湿性绷带等，此外也可于创面上涂布龙胆紫液、撒撒布剂等。

② 对赘生肉芽组织的处理：赘生组织小的可用硝酸银或硫酸铜腐

蚀，赘生组织较大的可用高锰酸钾粉末研磨，使之形成痂皮。

4. 创伤检查和治疗注意事项

① 创伤治疗中所提到防腐剂，尽可备齐。

② 引流的纱布条，应根据创腔的情况来制作，一般纱布条越长，则其条幅应越宽，而用狭而长的纱布条作引流，不易达到目的。

③ 关于用药时期对创伤愈合很重要。一般在化脓未停止前，每天用药1次；当化脓停止，生长肉芽时，应加强保护芽组织，并减少用药次数。

二、脓肿

（一）病因

它是羊体局部受到外力刺伤（铁丝、铁钉的锐物）或打针等造成皮下化脓性炎症（图5-9）。

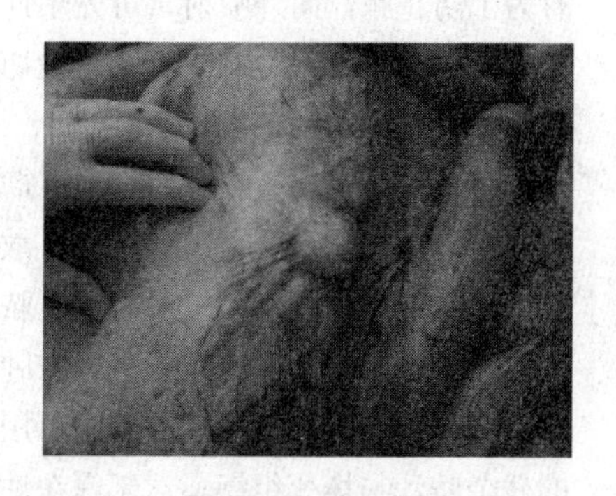

图5-9　脓肿

（二）诊断要点

1. 临床症状

脓肿的临床症状和一般的炎症类似，都具有红、肿、热、痛等表现。

① 局部温度升高。一般脓肿特别是浅在性热性脓肿表现明显，寒性脓肿没有局部温度。

② 肿胀。

③ 疼痛。

④ 波动：波动对脓肿的诊断具有决定性的意义。

⑤ 皮肤与皮下组织水肿，对诊断深部脓肿具有重要意义。

2. 诊断方法

为了避免诊断上的错误，可进行穿刺抽取内容物判定，最为可靠，方法是：局部剪毛消毒后，用大号注射针头，选择波动明显的低部位，垂直刺入脓肿腔，内容物可自动流出，或安上注射器吸出内容物，如流出脓汁，即可确定为脓肿。否则就不是脓肿。

（三）脓肿的治疗

（1）切开　要注意切口的位置，长度和方向，即要求便于彻底排除脓汁，又不要损伤主要的血管、神经，也不宜超过脓肿的界限，以免损伤健康组织和感染扩散。由于解剖条件的限制，不能切开的脓肿，可用穿刺抽出脓汁。若脓肿过大，或其底部尚有多量脓汁，一个切口不能彻底排除脓汁时，可做一对孔切口排脓，切开时先将术部常规处理。切开时为了防止脓汁向外喷射，可先用针头穿刺排除一部分脓汁，最后选择柔软部位，先以刀尖刺入皮肤慢慢切开，下刀不宜过深，以防误伤对侧脓肿膜，而使脓汁扩散。

（2）排脓　切开脓肿后，力求彻底排出脓汁，但要注意不要破坏脓肿膜，以免损伤肉芽组织和感染扩散。其次检查脓腔，应注意有无残留的坏死组织和孔腔蓄脓，对于通过脓肿腔的血管和神经应加以保护。

（3）脓腔的处置　首先进行脓肿腔内检查，对腔内异物或坏死组织应小心除去，然后对浅在性脓肿可用防腐液反复清洗，以便除去脓腔内的残余脓汁与坏死组织。对于深在性脓肿可用挥发性防腐剂，如碘仿醚灌注，排除脓汁后，用浸有松碘油膏或磺胺碘甘油或0.1%雷佛奴尔液的纱布块放入脓肿腔内引流，以保证脓汁通畅排出和防止切口过早愈合，以后根据脓汁多少，及时更换引流物。

（4）全身疗法　根据脓肿的大小，感染程度，除局部处理外，要注意全身疗法，可用抗生素与磺胺疗法，碳酸氢钠疗法以及普鲁卡因封闭疗法等。

三、急性系关节扭伤

（一）病因

主要是由于羊在不平的地面上急走、急转、急停、跌倒、失足蹬空或跳跃等各种原因的外力造成羊的急性系关节扭伤。

（二）诊断

1. 问诊

系关节扭伤多在运动过程中突然发生跛行，而病情逐渐加重，跛行程度越走越重。因此问诊时要注意了解是否有失步蹬空、滑走、急跑突然停止或急转弯、跌倒、跳跃等情况。

2. 现症检查

（1）站立　注意观察系关节站立状态，一般表现以蹄尖负重，患肢弯曲，系关节屈曲不敢下沉，系部直立。

（2）运动　表现系关节屈伸不充分，不敢下沉，蹄负重面不全着地，常以蹄尖触地前进，行走沉重。

（3）局部检查　触诊关节内侧或外侧韧带，明显热痛、肿胀，被动运动时，疼痛剧烈，病畜反抗。

（三）治疗

治疗原则是制止出血和炎症，促进吸收，镇痛消炎，舒筋活血，预防组织增生，恢复关节机能。

（1）制止出血和渗出　在伤后1~2天，要用冷水浴或冷敷（冷醋酸铅溶液，冷醋泥贴敷）进行冷疗和包扎压迫绷带，严重时可注射加速凝血剂（10%氯化钙溶液，维生素K_3）使病羊安静。

（2）促进吸收　急性炎性渗出减轻后，应及时用温热疗法，促进吸收。如关节内的出血不能吸收时，可作关节穿刺排出，同时通过穿刺针向关节腔内注射0.25%普鲁卡因青霉素溶液。

（3）镇痛　注射安痛定等镇痛药物，也可向疼痛较重的患部注射盐酸普鲁卡因酒精溶液10~15毫升，同时配合涂擦碘酊樟脑酒精合剂。对于转为慢性或较轻的病例，可在患部涂擦碘樟脑醚合剂，连用3~5天。

附 录

一、羊正常生理指标

项目	绵羊 / 山羊	年龄	正常指标
体温	绵羊	1 岁以上	38.5~40.0℃
		1 岁以下	38.5~40.5℃
	山羊	1 岁以上	38.5~40.5℃
		1 岁以下	38.5~41.0℃
脉搏	绵羊	1 岁以上	70~80 次 / 分钟
		1 岁以下	80~100 次 / 分钟
	山羊	1 岁以上	70~80 次 / 分钟
		1 岁以下	80~100 次 / 分钟
呼吸	绵羊	大小一致	14~22 次 / 分钟
	山羊	大小一致	14~22 次 / 分钟
妊娠时间	绵羊	成年	150 天
	山羊	成年	150 天
血液总量占体重百分比	绵羊	成年	6.2%~8.0%
	山羊	成年	6.2%~8.0%
全血量	绵羊	成年	58 毫升 / 千克
	山羊	成年	70 毫升 / 千克
血浆量	绵羊	成年	31.5 毫升 / 千克
	山羊	成年	53.9 毫升 / 千克
血凝时间	绵羊	成年	5~8 分钟
	山羊	成年	6~11 分钟
血液密度	绵羊	成年	1 051 克 / 米^3
	山羊	成年	1 042.5 克 / 米^3

续表

项目	绵羊 / 山羊	年龄	正常指标
血液循环时间	绵羊	成年	5~8 秒
	山羊	成年	5~8 秒
红细胞数	绵羊	成年	585.5 万 ~1 164.4 万个 / 毫米 ^{3}
	山羊	成年	1 540.0 万 ~1 920.0 万个 / 毫米 ^{3}
白细胞	绵羊	成年	0 .6 万 ~12 万个 / 毫米 ^{3}
	山羊	成年	0.6 万 ~15 万个 / 毫米 ^{3}
血小板	绵羊	成年	25 万 ~75 万个 / 毫米 ^{3}
	山羊	成年	25 万 ~50 万个 / 毫米 ^{3}
血红蛋白	绵羊	成年	9% ~16%
	山羊	成年	8% ~14%
红细胞寿命	绵羊	成年	70~153 天
	山羊	成年	125 天
体内平均 pH 值	绵羊	成年	7.44
	山羊	成年	7.36
动脉血压	绵羊	成年	最高压 11 989~18 665 帕
		成年	最低压 8 533~10 132 帕
	山羊	成年	最高压 14 932~16 799 帕
		成年	最低压 10 132~13 199 帕

二、羊的繁殖生理指标

（一）性成熟

羊的性成熟多为 5~7 月龄，早的 4~5 月龄，个别早熟品种，3 个多月即发情。

（二）体成熟

母羊多为 1.5 岁左右，公羊 2 岁左右。早熟品种提前。

（三）发情周期

绵羊多为 16~17 天（范围为 14~22 天）；山羊多为 19~21 天（范围为 18~24 天）。

（四）发情持续期

绵羊多为30~36小时，山羊多为39~40小时。

（五）排卵时间

发情开始后12~30小时。

（六）卵子排出后保持受精能力的时间

保持受精能力的时间为15~24小时。

（七）精子到达母羊输卵管时间

精子到达母羊输卵管时间为5~6小时。

（八）精子在母羊生殖道存活时间

精子在母羊生殖道存活时间为多为24~48小时，最长72小时。

（九）最适宜配种时间

羊最适宜的配种时间为排卵前5小时左右（开始发情半天内）。

（十）羊的妊娠期

羊的妊娠期平均为150天，范围是145~154天。

（十一）哺乳期

羊的哺乳期通常是3.5~4个月，有时根据生产需要和羔羊生长发育快慢可以适当调整。

（十二）产后第一次发情时间

绵羊多在产后的第25天到第46天，最早在第12天，山羊多在产后的10~14天。

三、羊常用疫苗使用方法

疫苗名称	作用与用途	用法与用量	免疫期	备注
羊厌气菌五联苗	预防羊快疫、猝狙、羔痢、肠毒血症、黑疫	用20%生理盐水溶解，肌内注射或皮下注射1毫升	1年	体况不佳者慎用
羊痘活疫苗	预防羊痘	股内侧肌内注射或尾内侧皮下注射0.5毫升	1年	可作紧急接种
布鲁氏菌活疫苗	预防布鲁氏菌病	口服或肌内注射	3年	孕畜忌注射用
乙型脑炎灭活疫苗	预防羊乙型脑炎	1月龄以上，每头肌内注射2毫升		
羊传染性胸膜肺炎苗	预防羊传染性胸膜肺炎	肌内注射或皮下注射，成年羊5毫升/只，6月龄以下羊3毫升/只	1年	
羊链球菌苗	预防羊败血性链球菌病	6月龄以上羊一律尾根皮下注射1毫升	1年	生理盐水稀释

注：各疫苗免疫间隔时间为7~10天，使用前应按说明书进行操作

参考文献

[1] 岳文斌，郑明学，古少鹏 . 羊场兽医师手册［M］. 北京 : 金盾出版社，2008.

[2] 钱存忠，刘永旺 . 新编羊场疾病控制技术［M］. 北京 : 化学工业出版社，2009.

[3] 卫广森 . 兽医全攻略羊病［M］. 北京 : 中国农业出版社，2009.

[4] 周淑兰，曹国文，付利芝 . 羊病防控百问百答［M］. 北京 : 中国农业出版社，2010.

[5] 王福传，段文龙 . 图说肉羊养殖新技术［M］. 北京 : 中国农业科学技术出版社，2012.

[6] 闫益波 . 无公害羊肉安全生产技术［M］. 北京 : 化学工业出版社，2014 .